ISW Forschung und Praxis

Berichte aus dem Institut für Steuerungstechnik
der Werkzeugmaschinen und Fertigungseinrichtungen
der Universität Stuttgart

Herausgeber: Prof. Dr.-Ing. G. Pritschow

Band 67

Gerhard Gruhler

Sensorgeführte Programmierung bahngesteuerter Industrieroboter

Springer-Verlag Berlin Heidelberg GmbH 1987

D 93

Mit 52 Abbildungen

ISBN 978-3-540-18325-9   ISBN 978-3-662-09860-8 (eBook)
DOI 10.1007/978-3-662-09860-8

Ursprünglich erschienen bei Springer-Verlag Berlin Heidelberg New York 1987.

2362/3020-543210

Geleitwort des Herausgebers

In der Reihe „ISW Forschung und Praxis" wird fortlaufend über Forschungs-
ergebnisse des Instituts für Steuerungstechnik der Werkzeugmaschinen und
Fertigungseinrichtungen der Universität Stuttgart (ISW) berichtet, das sich in
vielfältiger Form mit der Weiterentwicklung des Systems Werkzeugmaschine
und anderer Fertigungseinrichtungen beschäftigt. Die Arbeiten dieses Instituts
konzentrieren sich im besonderen auf die Bereiche Numerische Steuerungen,
Prozeßrechnereinsatz in der Fertigung, Industrierobotertechnik sowie Meß-,
Regel- und Antriebssysteme, also auf die aktuellsten Bereiche der Fertigungstechnik. Dabei stehen Grundlagenforschung und anwenderorientierte
Entwicklung in einem stetigen Austausch, wodurch ein ständiger Technologie-
transfer zur Praxis sichergestellt wird.

Die Buchreihe erscheint in zwangloser Folge und stützt sich auf Berichte über
abgeschlossene Forschungsarbeiten und Dissertationen. Sie soll dem Inge-
nieur bei der Weiterbildung dienen und ihm Hilfestellungen zur Lösung spezifi-
scher Probleme geben. Für den Studierenden bietet sie eine Möglichkeit zur
Wissensvertiefung. Sie bleibt damit unter erweitertem Namen und neuer Her-
ausgeberschaft unverändert in der bewährten Konzeption, die ihr der Gründer
des ISW, der leider allzu früh verstorbene Prof. Dr.-Ing. G. Stute, im Jahre 1972
gegeben hat.

Der Herausgeber dankt der Druckerei für die drucktechnische Betreuung und
dem Springer Verlag für Aufnahme der Reihe in sein Lieferprogramm.

G. Pritschow

<u>Vorwort</u>

Die vorliegende Arbeit entstand während meiner Tätigkeit als wissenschaftlicher Mitarbeiter am Institut für Steuerungstechnik der Werkzeugmaschinen und Fertigungseinrichtungen (ISW) der Universität Stuttgart.

Dem Direktor des Instituts, Herrn Prof. Dr.-Ing. G. Pritschow, gebührt mein Dank für das intensive Interesse an meiner Arbeit und für die Unterstützung und Förderung der zugrunde liegenden Forschungen. Herrn Prof. Dr.-Ing. A. Storr danke ich für die wertvollen Hinweise und Anregungen während der Durchsicht der Arbeit.

Mein besonderer Dank gilt auch Herrn Prof. Dr.-Ing. H.-J. Warnecke für die Erstellung des Mitberichts.

Den Mitarbeiterinnen, Mitarbeitern und Studenten des ISW danke ich für ihre Fachkritik und für die Beiträge zum redaktionellen Gelingen der Arbeit. Dieser Dank gilt ganz besonders den Herren Dipl.-Ing. Karl-Heinz Wurst und Dipl.-Inform. Hans Schumacher sowie Degenhardt Braun und Klaus Elwert.

Gerhard Gruhler

Inhaltsverzeichnis

Formelzeichen

Formelzeichen, die lediglich einmalig auftreten, sind an der entsprechenden Stelle erläutert und wurden nicht in das Verzeichnis aufgenommen.

A_S	konstruktiver Abstand von Sensorelementen
b	Abstand von Bearbeitungslinien untereinander
b_d	kürzester Bearbeitungsabstand
D	Dämpfung
$\underline{D}$	Drehmatrix
d	Differenz, Abstand (allgemein)
d_{ij}	Abstand der Punkte P_i und P_j
d_p	Bahnstützpunktraster
$\underline{d}$	Verschiebungsvektor
f	Funktion (allgemein)
F	Fehlerfunktion
F_i, F_g	Feder-, Gewichtskraft
g	Gerade (allgemein), Erdbeschleunigung
i, j, k	Zählvariablen
K_v, K_ω	Geschwindigkeitsverstärkung im Sensorregelkreis für Position bzw. Orientierung
K_R	Proportionalverstärkung
$\underline{K}$	Transformationsmatrix
l, m, n	Zählvariablen
l	Länge
M	Drehmoment
m_S	Masse des Programmierstifts
m_W	Meßwürfelmasse
$\underline{n}$	Normalenvektor
P	Bahnstützpunkt
r	Bahnradius
$\underline{r}$	Ortsvektor
S	Sensormeßwert
$\underline{s}$	Stützpunktkoordinatensatz
t	Zeit
T	Abtastzeit, Taktzeit

T_I	Integrationszeitkonstante
$T(k)$	Technologiefunktion
U, V, W	Orientierungswinkel (Raumkoordinaten)
$\underline{V}$	Sensordatenvorverarbeitungsmatrix
v	Geschwindigkeit (allgemein)
v_B	Bahngeschwindigkeit
X, Y, Z	kartesische Koordinaten
x	Funktionsargument (allgemein)
α, β, γ	Orientierungswinkel (Sensorkoordinaten)
Δ	Regeldifferenz
δ	Orientierungsabweichung (X_S-Achse des Sensorkoordinatensystems)
ε	Bahnabweichung
η	von 2 Geraden eingeschlossener Raumwinkel
ρ	Raumwinkel zwischen Bearbeitungslinien
λ	Bahnknickwinkel
τ	Orientierungsabweichung (Y_S-Achse des Sensorkoordinatensystems)
φ	Orientierungsabweichung (Z_S-Achse des Sensorkoordinatensystems)
ω	Kreisfrequenz
ω_0	Kennkreisfrequenz

Mehrfach verwendete Indizes

a	Achs-, bezogen auf das Achskoordinatensystem
d	Abstands-
g	Gewichts-
ist	Istwert
i, j, k	Zählvariablen
k	kartesisch
L	Leitvorschub-
l, m	Zählvariablen
m	Meßwert-
N	bei Näherungsberechnung

n	neu berechneter Wert
p	Stützpunkt-
r	Regler-, Rest-
s	Sensor-, bezogen auf das Sensorkoordinatensystem
soll	Sollwert
stat	stationärer Wert
T	Toleranz-
x, y, z	in X-, Y-, Z-Richtung
x_s, y_s, z_s	in X_s-, Y_s-, Z_s-Richtung

Abkürzungen

A/D	analog/digital
CAD	Computer aided design
E/A	Ein-/Ausgabe
I-	Integral-
P-	Proportional-
P_1, P_2	Steuerungsprozessoren
RAM	Random access memory
R-Transformation	Rücktransformation
WV	Werkzeugvektor
2D-, 3D-	zwei-, dreidimensional

1 Einführung

Beim Einsatz numerisch bahngesteuerter Industrieroboter für Bearbeitungsaufgaben (Schweißen, Schleifen, Beschichten, Entgraten usw.) wird die Wirtschaftlichkeit wesentlich durch die Flexibilität des Robotersystems bestimmt. Hier sind zwei Faktoren von entscheidendem Einfluß; zum einen ist dies die Anpassungsfähigkeit des Industrieroboters an veränderliche Geometrie- und Technologiedaten während des Bearbeitungsprozesses, zum anderen die Art der Programmierung der Bewegungsabläufe.

Zur Erfassung veränderlicher Prozeßdaten während der Produktion werden Industrieroboter mit Sensoren ausgestattet. Das Spektrum reicht von einfachen schaltenden Sensoren bis hin zu komplexen Sensorsystemen, die durch Komponenten zur Sensordatenvorverarbeitung gekennzeichnet sind. Neben der Bereitstellung von Sensorschnittstellen ist vor allem die Verarbeitung von Sensorinformationen in Robotersteuerungen ein Schwerpunkt gegenwärtiger steuerungstechnischer Entwicklungen. Ziel ist die Rückkopplung aktueller, aus dem Fertigungsprozeß aufgenommener Daten zur Modifikation bzw. Korrektur von Bewegungs- und Funktionsabläufen. Die Aufgabe prozeßbegleitender Sensordatenverarbeitung beinhaltet insbesondere die Forderung nach kurzen Reaktionszeiten von Sensor und Steuerung sowie die Problematik der Prozeßdatenerfassung am Ort der momentan ablaufenden Fertigungsoperation oder zumindest in unmittelbarer Umgebung derselben.

Der zweite, die Anpassungsfähigkeit des Robotersystems wesentlich mitbestimmende Faktor ist die Erstellung von Bewegungsprogrammen. Zeitaufwendige Programmierverfahren haben erhebliche Programmierkosten zur Folge. Dadurch ist ein wirtschaftlicher Industrierobotereinsatz oft in Frage gestellt und insbesondere bei kleinen Losgrößen selten möglich /1/.

Der Programmiervorgang am Werkstück kann wesentlich verein-
facht und in der Genauigkeit verbessert werden, wenn Sensoren zur Unterstützung herangezogen werden. Im Extrem-
fall wird dadurch eine weitgehende Automatisierung des
Programmierens selbst erreicht. Unumgänglich ist dies dort,
wo Werkstücke so großen Maßtoleranzen unterworfen sind, daß
für jedes Werkstück ein individuelles Bewegungsprogramm
erforderlich ist. Notwendig ist dies auch bei Fertigungs-
aufgaben, die eine Sensordatenerfassung während des Bearbeitungsprozesses nicht oder nur mit unverhältnismäßig hohem Aufwand erlauben. Aber auch dort, wo Oberflächen großer
Werkstücke flächendeckend zu bearbeiten sind, ist aufgrund
der Vielzahl eng beieinander liegender Bearbeitungslinien
der für herkömmliches Programmieren notwendige Zeitaufwand
auch bei einmaligem Programmiervorgang wirtschaftlich nicht
vertretbar.

Im Rahmen der vorliegenden Arbeit sind die Konzeption und
Realisierung von Verfahren zur sensorgeführten Programmierung zu erarbeiten. Ziel ist es, durch weitgehend automatische Abläufe den Bedienaufwand beim Programmieren auf ein
Minimum zu verringern.

2 Programmierverfahren für Industrieroboter

2.1 Übersicht

Industrieroboter sind nach /2,3/ flexibel einsetzbare Automaten mit mehreren Achsen, deren Bewegungen ohne mechanische Eingriffe in die Steuerung programmierbar sind; sie sind mit Effektoren wie Greifern, Werkzeugen, Meß- oder Fertigungsmitteln ausgestattet. Die Bezeichnung Industrierobotersystem findet Verwendung, wenn das Gesamtsystem einschließlich Sensoren, Effektoren, Programmierhilfsmitteln und Bediengeräten gemeint ist.

Bild 2.1 gibt einen Überblick über die heute gebräuchlichen oder aber in Entwicklung befindlichen Programmierverfahren für Industrieroboter, untergliedert in indirekte (off-line) und direkte (on-line) Verfahren. Dabei wird als Klassifikationsmerkmal die Benützung irgendeiner Robotermechanik oder eines nachbildenden Hilfsgerätes für die Programmierung herangezogen, und zwar unabhängig davon, ob es sich um einen in den Produktionsprozeß eingebundenen oder um einen speziellen Programmierroboter handelt.

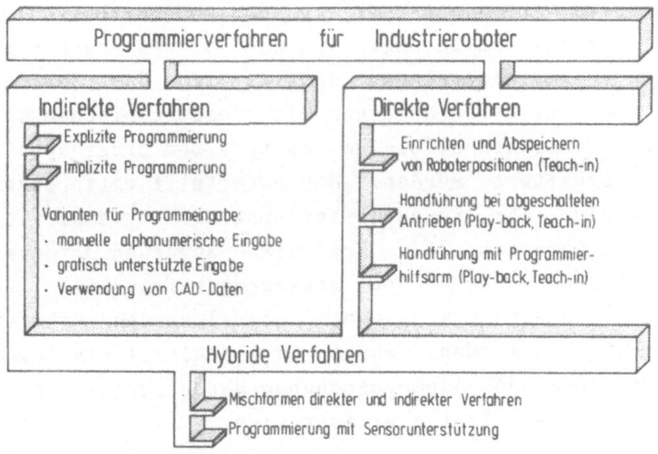

Bild 2.1: Programmierverfahren für Industrieroboter

Die direkten Programmiermethoden sind durchweg lernende Verfahren, da die Bewegungsinformation aus der Umwelt des Industrieroboters mit den darin enthaltenen Werkstücken und Betriebsmitteln aufgenommen wird. Hierfür hat sich der vielschichtige und nicht einheitlich verwendete Begriff "Teach-in" eingebürgert. Kennzeichnend für die indirekte Programmierung ist die Ableitung der Bewegungsinformation aus den von Konstruktion und Arbeitsvorbereitung bekannten Abmessungen der Werkstücke und Betriebsmittel.

2.2 Indirekte Programmierverfahren

Herkömmliches indirektes Programmieren geschieht durch manuelle alphanumerische Eingabe von Stützpunktkoordinaten am Bildschirm, wobei häufig eine der Werkzeugmaschinentechnik entlehnte NC-Satzdarstellung anzutreffen ist (DIN 66025 mit roboterspezifischen Erweiterungen). Im Vordergrund stehen Geometriedaten; Ablaufprogramm und Zusatzfunktionen haben untergeordnete Bedeutung.

Im Zuge der immer komplexer werdenden Bewegungs- und Funktionsabläufe in Robotersystemen und den damit einhergehenden Steuerungserweiterungen wurden hierfür zugeschnittene Roboterprogrammiersprachen entwickelt. Das Sprachniveau reicht von niederen Sprachen mit mnemotechnischem Code bis hin zu Hochsprachen, die um roboter- und prozeßspezifische Befehle erweitert wurden. Man unterteilt entsprechend der Verarbeitung der Bewegungsinformation in explizite und implizite Sprachen /4/. Explizite Sprachen erfordern die ausdrückliche Angabe von Bewegungsstützpunkten, während implizite Sprachen von einem gespeicherten Roboter- und Umweltmodell ausgehen, wobei im Idealfall das Bewegungsprogramm aufgrund einer gegebenen Handhabungs- oder Fertigungsaufgabe selbsttätig erzeugt wird.

Häufig werden Grafikfunktionen zur Unterstützung des Programmierens herangezogen /5/; sie dienen der Visualisierung von Roboter, Umwelt und Bewegungsabläufen. Ohne näher auszuführen seien hier lediglich die Stichworte Plausibilitätskontrolle von Programmen, Bewegungssimulation und Kollisionsüberprüfung genannt. Oft scheitert jedoch die tatsächliche Stützpunktprogrammierung ("grafisches Teach-in") am Aufwand zur Erstellung präziser interner Modelle sowie an (noch) fehlenden Schnittstellen bzw. mangelnder Kompatibilität zwischen Grafiksystemen und Robotersteuerungen. Besondere Schwierigkeiten bereitet hier die zusätzlich zur 3D-Bewegungsdarstellung notwendige Berücksichtigung von 3 Orientierungswinkeln des Endeffektors.

Durch Ankopplung von CAD-Systemen an Roboterprogrammiersysteme wird versucht, bereits vorhandene Datenbasen zur Ableitung der Bewegungsinformation zu nutzen. Hinsichtlich Schnittstellen und Kompatibilität gelten auch hier die genannten Schwierigkeiten in übertragener Form.

2.3 Direkte Programmierverfahren

Durch Einbeziehung des Industrieroboters und seiner Fertigungsumgebung beim Programmieren erhält man eine unmittelbare Anschaulichkeit des Programmiervorgangs, sowie eine direkte geometrische Zuordnung des (nichtidealen) Roboters bzw. seines Endeffektors zu Werkstücken und Betriebsmitteln. Als klassisches Verfahren ist hier das Einrichten und Abspeichern von Roboterpositionen auf Tastendruck zu nennen. Dabei wird der Industrieroboter durch Ansteuern einzelner Achsen über ein Handbediengerät in die gewünschten Positionen verfahren. Als wesentliche Hilfe hat sich die Umschaltbarkeit der Bezugskoordinatensysteme erwiesen, so daß Roboterbewegungen nicht nur in Achs- sondern auch in Raum- oder Handkoordinaten ausgelöst werden können /6/. Die Vielzahl der auszuführenden Bedienoperationen beim Ein-

richten der Stützpunkte bewirkt, daß diese Programmierme-
thode als sehr zeitaufwendig anzusehen ist.

Handgeführte Roboterprogrammierung wird bislang vornehmlich
angewendet bei play-back-gesteuerten Geräten. Dabei wird der
Industrieroboter bei abgeschalteten Antrieben manuell bewegt
und die Achspositionen in einem festen Zeittakt eingelesen,
abgespeichert und beim Nachfahren der Bahn im selben oder
leicht veränderten Zeitraster als Sollwerte ausgegeben /7/.
Wird die Stützpunktspeicherung nicht zeittaktgebunden, sondern manuell auf Tastendruck durchgeführt, so können mit
diesem Verfahren auch punkt- oder bahngesteuerte Industrieroboter programmiert werden /8/. Die Handführung ersetzt
dabei lediglich das Anfahren von Stützpunkten mit Hilfe
des Handbediengeräts. Der Kraftaufwand zum Führen des Roboters beim Programmieren ist z.T. erheblich, so daß bei grö-
ßeren Geräten darauf ausgewichen werden muß, einen die Robotermechanik möglichst genau nachbildenden Programmier-
hilfsarm zu bewegen. Dieser ist in Leichtbauweise ausgeführt, besitzt keine Antriebe und ist lediglich mit Wegmeß-
systemen ausgestattet. Neben den aufzubringenden Bedien-
kräften ist bei der manuellen Roboterführung vor allem die
vom Bediener zu leistende Bewegungskoordination von bis zu
6 Geräteachsen nachteilig.

Betrachtet man die industriell eingesetzten Programmiermethoden, so ist festzustellen, daß es sich in aller Regel um
Hybridformen der dargestellten Verfahren handelt. Bemer-
kenswert ist vor allem, daß sich reines indirektes Programm-
mieren bisher nicht durchsetzen konnte /9,10/. Gründe hierfür sind neben mangelnder Anschaulichkeit, hohem Zeit- und
Investitionsaufwand vor allem die ungenügende Übereinstim-
mung der idealisierten internen Roboter- und Umweltmodelle
mit den tatsächlichen Gegebenheiten am Einsatzort. Dies
läßt sich beispielsweise am Industrieroboter selbst bele-
gen. Obwohl die Geräte hinreichende Positionier- und Wie-
derholgenauigkeit nach /11/ aufweisen, sind von den Her-

stellern kaum Angaben zur Absolutgenauigkeit zu erhalten
/12/. Hier spielt die nichtideale Roboterkinematik (nicht-
fluchtende' Achsen etc.) durch Fertigungs- und Aufstell-
toleranzen eine wesentliche Rolle. Es sind jedoch Entwicklungen im Gange, die darauf abzielen, diese Fehler zumindest teilweise durch steuerungstechnische Maßnahmen zu
kompensieren /13/. Grundsätzlich besteht außerdem die Möglichkeit, indirekt erstellte Bewegungsprogramme während
des Produktionsprozesses selbst über Sensoren an die tatsächlichen Geometrieverhältnisse anzupassen.

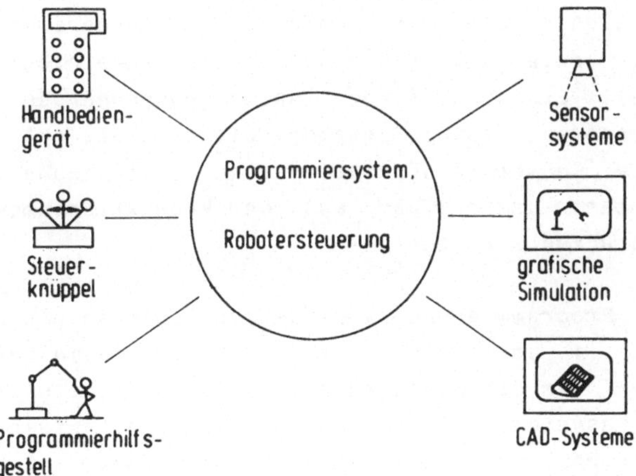

<u>Bild 2.2:</u> Hilfsmittel bei der Industrieroboterprogrammierung

Aufgrund der genannten Ursachen hat ein kombiniertes Vorgehen bei der Roboterprogrammierung weite Verbreitung gefunden; demzufolge werden Rahmen- und Ablaufprogramm mit Hilfe
einer Programmiersprache (ggf. off-line) erstellt und an-
schließend die Bewegungsstützpunkte direkt unter Zuhilfenahme des Industrieroboters aufgenommen. Es ist daher zu
erwarten, daß die direkten Verfahren der Bewegungsprogram-
mierung auch in Zukunft von Bedeutung sein werden, besonders wenn man berücksichtigt, daß zur Abkopplung vom Produktionsprozeß ggf. auf einen separaten Programmierroboter
ausgewichen werden kann.

2.4 Programmierung mit Sensorunterstützung: Stand der Technik und Ziel der Arbeit

Haupteinsatzgebiet von Sensoren ist bislang die Erhöhung der Anpassungsfähigkeit von Industrierobotersystemen an variable geometrische und technologische Prozeßgrößen während des Produktionsprozesses selbst /14/. Zur Unterstützung des Programmiervorgangs werden Sensoren jedoch erst an wenigen Stellen herangezogen, wodurch bisher nur ein niederer Automatisierungsgrad beim Programmieren erreicht werden konnte. Grundsätzlich ist sensorgeführte Programmierung als direktes, sowie als indirektes Verfahren einsetzbar (vgl. Bild 2.1). Verwendung finden robotergebundene oder roboterferne Sensoren, wobei letztere als durchweg ortsfeste Systeme die Geometrieinformation ohne Zuhilfenahme des Industrieroboters unmittelbar aus der Produktionsumgebung und den Werkstücken ableiten.

Für die Programmierung von Bewegungsbahnen mit einer Genauigkeit im cm-Bereich ist ein Verfahren in Entwicklung /15/, bei dem die Bahn manuell bewegter Lichtquellen durch ein Kamerasystem aufgenommen und in einem Auswerterechner dreidimensional bestimmt wird. Kennzeichnend ist auch hier der für Bildverarbeitungssysteme charakteristische hohe Geräte- und Rechenaufwand; die erreichten Programmiergenauigkeiten können nicht befriedigen. Nach /16/ ist dieses System auch verwendbar, um dynamische Bahnabweichungen des Industrieroboters von einer bereits programmierten Sollbahn zu erfassen und durch mehrmaliges iteratives Abfahren der Bahn zu korrigieren.

Einige sensorgestützte Programmierverfahren wurden für spezielle Anwendungsfälle mit stark einschränkenden Randbedingungen konzipiert. Dazu zählen die Entwicklungen nach /17,18/, die das Einlernen von Kehlschweißnähten mit kartesisch aufgebauten Schweißautomaten erlauben. Als Sensorsystem kommen taktile Sensorkugeln zum Einsatz.

Speziell für das Entgraten wurde ein interaktives Programmierverfahren entwickelt /19/, bei dem über das sensorbestückte Entgratwerkzeug ein Nachführen von 2 Achsen erreicht werden konnte. Eine Übertragbarkeit auf andere Programmier- bzw. Bearbeitungsaufgaben, insbesondere unter Einbeziehung weiterer Achsen ist nicht erkennbar.

In /20/ wurde für das Verschleifen von Schweißnähten an Blechen ein Verfahren angegeben, bei dem die Werkstückoberfläche mit taktilen Sensoren vermessen wird, jedoch ohne den Industrieroboter nachzuführen. Um ein Auswandern der Oberfläche aus dem Sensormeßbereich zu vermeiden, sind lediglich geringe Werkstücktoleranzen zulässig und eine Meßbahn mit entsprechender Genauigkeit vorzugeben. Aus den Meßdaten wird eine mathematische Oberflächenbeschreibung abgeleitet und daraus eine Bearbeitungsbahn berechnet. Demzufolge sind aufwendige Rechenalgorithmen und hoher Speicherplatzaufwand erforderlich.

In Anwendungsfällen, wo Bearbeitungskräfte entlang einer Bewegungsbahn programmiert werden sollen, ist der Einsatz von Kraft-Momenten-Sensoren für das lernende Abtasten von Werkstücken geeignet /21,22,23/. Prinzipbedingt sind die auf das Werkstück ausgeübten Kräfte während des Programmierens nicht zu vernachlässigen, die erreichbaren Abtastgeschwindigkeiten sind insbesondere bei stark gekrümmter Werkstückgeometrie gering.

Nach /21,24,25/ werden Sensoren auch zur Realisierung ortsfester Steuerelemente ("Steuerknüppel") für Roboterbewegungen eingesetzt. Dadurch erreicht man einen Ersatz der tastengebundenen Sollwertvorgabe während des Einrichtens von Roboterpositionen.

Ziel der vorliegenden Arbeit ist die Konzeption und Realisierung effizienter Methoden für die automatische, sensorgeführte Industrieroboterprogrammierung in 6 Koordinaten, um im Idealfall weitgehend selbsttätig vonstatten gehende Programmiervorgänge zu erreichen. Dabei ist auf eine möglichst breite Anwendbarkeit der Verfahren für unterschiedliche Einsatzfälle zu achten. Im Vordergrund steht die Bahnprogrammierung; auf die Technologie- und Ablaufprogrammierung wird lediglich soweit erforderlich eingegangen. Als Randbedingung ist die Integrierbarkeit der zu entwickkelnden Algorithmen in eine leistungsfähige Robotersteuerung zu nennen.

Bild 2.3 erläutert den Grundgedanken automatischer, sensorgeführter Programmierung am Beispiel einer einzulernenden Bahn auf einer Werkstückoberfläche. Durch einen berührungslosen Geometriesensor wird der Industrieroboter in Position und Orientierung entlang der zu programmierenden Bahn geführt (s. Kap. 4). Vorzugeben ist lediglich eine Bewegungsrichtung (Leitvorschub) für das Abtasten (Kap. 5). Die Bahndaten werden gespeichert, auf notwendige Stützpunkte reduziert und zu einem Bewegungsprogramm aufbereitet (Kap. 6), das im nachfolgenden Bearbeitungslauf abgefahren wird.

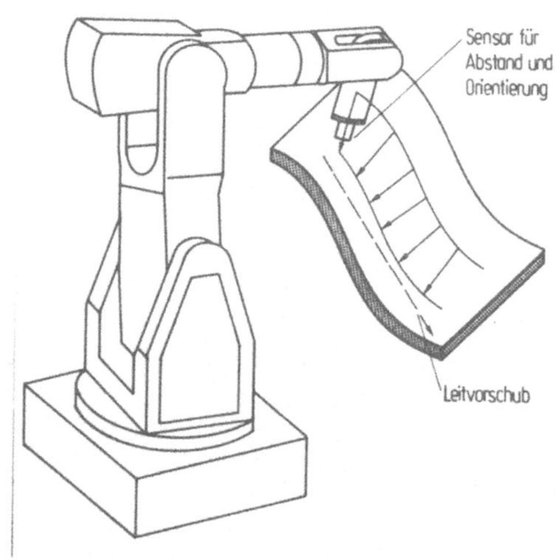

Bild 2.3: Sensorgesteuertes Nachführen (Beispiel) /26/

Eine Reihe von Werkstücken sind aufgrund schwieriger geometrischer Verhältnisse (Unzugänglichkeit, zerklüftete
Geometrie, Kollisionsgefahr) für eine automatische Abtastung
nicht geeignet. Durch handgeführte, servogesteuerte Roboterprogrammierung kann hier Abhilfe geschaffen werden /10/.

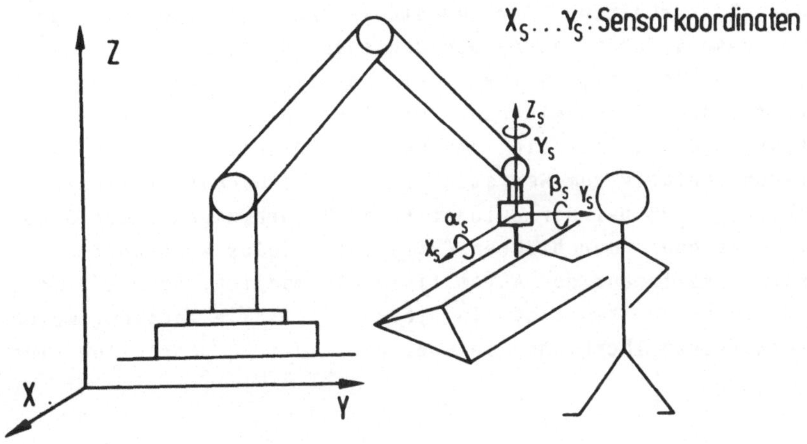

Bild 2.4: Programmierung durch Handführung

Anstelle des Geometriesensors ist ein Handführgerät am
Ende des Roboterarms anzubringen (**Bild 2.4**), das die Auslenkungen eines Programmierstiftes in Sensorsignale umsetzt
(Kap. 4). Der Industrieroboter fährt in Position und Orientierung servogesteuert nach, so daß der Bediener durch Führen des Programmierstiftes sehr schnell Bearbeitungsvorgänge mittels "Vormachen" programmieren kann. Im Gegensatz
zum automatischen sensorgeführten Abtasten ist auf die Vorgabe eines Leitvorschubes zu verzichten. Vorteile der Handführung sind auch dort zu erwarten, wo die bei manueller
Tätigkeit gewonnenen Erfahrungen des Bedieners bei der
Programmierung eingebracht werden müssen.

3 Ermittlung der Anforderungen und Randbedingungen für sensorgeführte Programmierung

3.1 Anforderungen an das Programmierverfahren

Beim herkömmlichen Programmieren im Einrichtbetrieb erfolgt die "Verarbeitung" der Werkstück- und Roboterpositionsdaten im wesentlichen durch den Bediener: Er wählt die Programmstützpunkte, die seiner Meinung nach die Bearbeitungsbahn ausreichend kennzeichnen, er legt die Stützpunktabstände fest und stellt die gewünschten Orientierungen des Werkzeugs relativ zum Werkstück ein. Diese Geometriedatenverarbeitung muß bei der automatischen Programmierung der Steuerungsrechner durchführen (Bild 3.1). Selbstverständlich ist keine vollständige Automatisierung möglich, denn die Robotersteuerung benötigt in jedem Fall die Vorgabe, welche Werkstückteilbereiche in welcher Form zu bearbeiten sind.

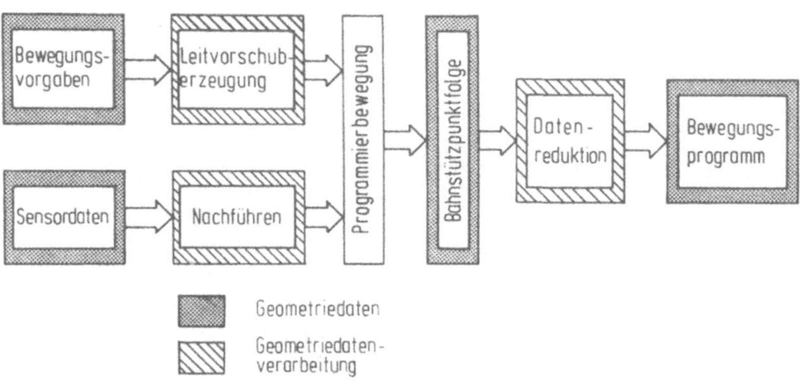

Bild 3.1: Sensorgeführte Programmierung: Struktur und Teilfunktionen

Die Informationen, die nach wie vor der Bediener einzubringen hat, sollen jedoch so komprimiert sein, daß der dafür notwendige Zeitaufwand im Verhältnis zum gesamten Programmiervorgang vernachlässigbar ist.

Darüber hinaus wurden aus den Erfahrungen mit dem Einsatz bahngesteuerter Bearbeitungsroboter /27,28/ spezielle Anforderungen an das Programmierverfahren abgeleitet:

- die erzeugten Programme müssen die zu programmierende Bahn mit einer Geanuigkeit repräsentieren, die durch objektive Kriterien gewährleistet ist,

- die gewünschte Genauigkeit muß jedoch wählbar sein,

- das Verfahren soll für Industrieroboter mit bis zu 6 Freiheitsgraden einsetzbar sein, so daß außer den 3 kartesischen Koordinaten für die Position eines Bahnpunktes bis zu 3 zugeordnete Orientierungswinkel betrachtet werden müssen,

- das Verfahren soll hinsichtlich der Programmierung unterschiedlicher Bearbeitungsaufgaben einen weiten Bereich abdecken, d.h. es muß geeignet sein für linienförmige Beararbeitung (z.B. Bahnschweißen), für die Bearbeitung von Kanten (z.B. Entgraten) und für flächendeckende Bearbeitung (z.B. Beschichten oder Auftragschweißen).

3.2 Abgeleitete Anforderungen an Geometriesensoren

Aufgrund der vom Geometriesensor gelieferten Daten soll der Industrieroboter entlang des Werkstücks geführt werden. Der Sensor wird dazu als Endeffektor an der Roboterhand angebracht; seine Aufgabe besteht darin, seine aktuelle Position und Orientierung (und damit auch diejenige des Roboters selbst) relativ zum abgetasteten Werkstück zu ermitteln.

Im allgemeinen sind durch den Sensor 6 geometrische Größen zu erfassen: 3 translatorische Größen, die den räumlichen Versatz des Sensors relativ zum Werkstück beschreiben, und 3 rotatorische Größen, die die Sensororientierung relativ zur Orientierung des Werkstücks bzw. seiner Oberfläche angeben. Die Meßaufgabe ist vergleichbar mit dem Vorgehen bei der Bestimmung der Positions- und Orientierungsgenauigkeit von Industrierobotern nach /29/, wo durch Antasten eines ortsfesten Referenzkörpers die Absolutgenauigkeit des Robotersystems bestimmt wird. Denkt man sich das Koordinatensystem nach <u>Bild 3.2</u> fest mit dem Sensor verbunden, so sind die zu messenden Größen in Sensorkoordinaten die Verschiebungen des Werkstücks in Richtung der Koordinatenachsen und die Drehwinkel um diese Achsen.

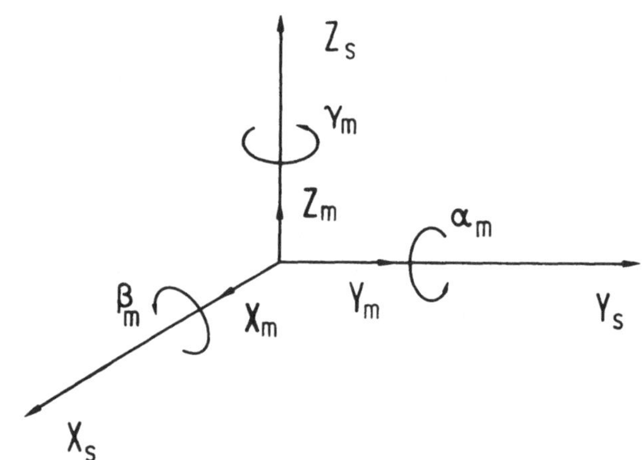

<u>Bild 3.2:</u> Sensorkoordinatensystem mit den zu erfassenden Größen X_m, Y_m, Z_m, α_m, β_m, γ_m

Im allgemeinen Fall ermöglicht der Sensor somit die Verfolgung eines Körpers in Position und Orientierung im Raum. Für andere Aufgaben reduziert sich die Anzahl der zu messenden Größen. Für das Abtasten einer prismatischen Kante sind beispielsweise 2 Abstände und 3 Orientierungswinkel zu erfassen, bei der Flächenabtastung (vgl. Bild 2.3) genügt die Ermittlung eines Abstandes und zweier Orientierungswinkel. Durch günstige Anordnung der einzelnen Meßelemente des Sensors soll erreicht werden, daß das Gerät durch einfache Umbaumaßnahmen leicht an die verschiedenen Abtastaufgaben angepaßt werden kann.

Das für die manuell geführte Industrieroboterprogrammierung erforderliche Handführgerät kann ebenfalls als Geometriesensor aufgefaßt werden; die zu erfassenden Sensordaten sind 3 translatorische Verschiebungen und 3 Verdrehungen eines Programmierstiftes. Damit erhält man qualitativ dieselben, auf das mitbewegte Handkoordinatensystem bezogenen Meßgrößen $X_m \ldots Y_m$ wie bei der sensorgeführten Werkstückabtastung.

Aus ergonomischen Gesichtspunkten ist an das Handführgerät die Forderung zu stellen, daß die zur Auslenkung des Programmierstiftes aufzubringenden Kräfte und Momente gering gehalten werden müssen, da eine genaue Führung des Stiftes bei gleichzeitigem hohem Krafteinsatz durch die menschliche Hand nicht gegeben ist. Anzumerken ist, daß die Forderung nach genauer Führbarkeit insbesondere durch Kraft-Momentensensoren, die bereits in ähnlicher Weise eingesetzt wurden, nicht befriedigend erfüllt wird.

Die sicherheitstechnischen Vorschriften beim Programmieren von Industrierobotern /30,31/ können auch bei servogesteuerter Handführung durchaus erfüllt werden. Dazu sind beispielsweise folgende Maßnahmen zu ergreifen:

- Reduzierung der max. Verfahrgeschwindigkeit des Industrieroboters,

- Integration eines Zustimmungsschalters in den zu führenden Programmierstift,

- .Anbringen einer Not-Aus-Einrichtung am Handführgerät.

Neben den Anforderungen an das Programmierverfahren selbst
sind auch an die zugrunde gelegte Robotersteuerung Randbedingungen zu stellen, die im folgenden betrachtet werden.

3.3 Steuerungstechnische Voraussetzungen für sensorgeführte Programmierung

3.3.1 Voraussetzungen für die Integration in eine Robotersteuerung

Bearbeitungsaufgaben erfordern Werkzeug- oder Werkstückbe-
wegungen entlang definierter Bahnen und daher numerisch
bahngesteuerte Industrieroboter /6/. Die spezifischen Ei-

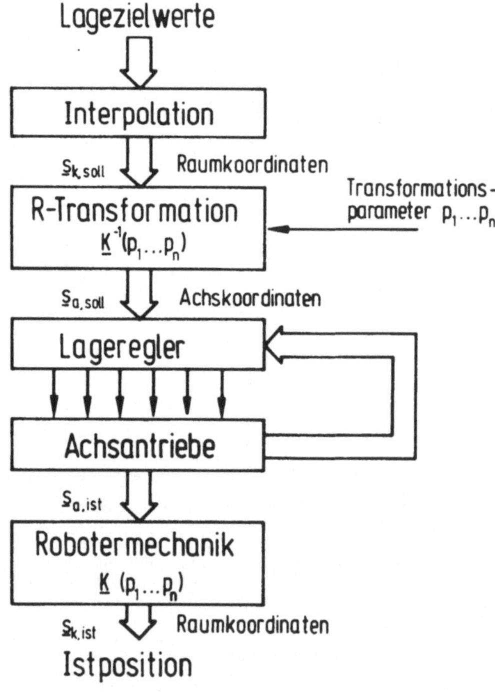

Bild 3.3: Bewegungserzeugung in der Roboter-Bahnsteuerung
(R-Transformation: Rücktransformation)

genschaften entsprechender Steuerungen sind auch bei sensorgeführter Programmierung vorauszusetzen.

Die Bewegungserzeugung in der Roboter-Bahnsteuerung unterliegt einer Struktur gemäß <u>Bild 3.3</u>. Ausgehend von den im Bewegungsprogramm abgelegten Zielwerten erfolgt die Interpolation der Lagesollwerte in Raumkoordinaten, lagegeregelt sind jedoch die Maschinenachsen. Die Umrechnung der interpolierten Werte in Maschinenkoordinaten übernimmt ein Transformationsbaustein (Rücktransformation), der den kinematischen Aufbau des Roboters widerspiegelt. Durch Austausch dieses Bausteins kann die Steuerung an unterschiedliche Achskonfigurationen angepaßt werden, so z.B. an Geräte mit zylindrischen Grundachsen oder Gelenkachsen. Dem Transformationsmodul können veränderbare Parameter wie Werkzeuglänge oder Versatz des Werkzeugs vorgegeben werden. Damit ist die Möglichkeit geschaffen, in Abmessung und Anbringung unterschiedliche Endeffektoren in Eingriff zu bringen.

Die so realisierte Bahnsteuerung erlaubt eine Werkzeugbewegung entlang definierter Kurvenzüge im Raum. Im Bewegungsprogramm abgelegt sind dabei die kartesischen Koordinaten X,Y,Z der Stützpunkte sowie bis zu 3 auf das Grundkoordinatensystem bezogene Orientierungswinkel U, V und W des Endeffektors. Die Größen X...W werden im weiteren zusammenfassend als Koordinaten bezeichnet. Einem Stützpunktkoordinatensatz wird formal ein Vektor zugeordnet und geschrieben $\underline{s}$ = (X,Y,Z,U,V,W).

Die Abtastzeit digitaler Sensorregelkreise ist nach /21/ an den mechanischen Zeitkonstanten der Roboterachsen zu orientieren; diese liegen bei üblichen Geräten in der Größenordnung 60 ms...200 ms. Es wird gefordert $T \ll T_{mech}$, d.h. $T \leq$ 20 ms. Demzufolge müssen auch steuerungsintern die Interpolations- und Transformationstaktzeit sowie die Abtastzeit der Lageregelung in der Robotersteuerung unter diesem Wert liegen.

Die zu entwickelnden Algorithmen lassen aufwendige mathematische Beziehungen erwarten, so daß hardwaremäßig ein leistungsfähiger Steuerungsprozessor mit Gleitpunktarithmetik gefordert werden muß, der die notwendigen Berechnungen in entsprechend kurzer Zeit durchführt. Des weiteren sind zum schnellen Einlesen der Sensordaten ($T_{ein} \ll T$) mindestens 6 Eingabekanäle an der Robotersteuerung vorauszusetzen.

3.3.2 <u>Ermittlung geeigneter Schnittstellen zur Steuerungssoftware</u>

Bei sensorgeführter Programmierung sind für die Funktionsblöcke Sensorregelung, Erzeugung der Leitbewegung, Bahnspeicherung und Programmerzeugung Eingriffsmöglichkeiten in die Steuerungssoftware erforderlich und zu definieren.

Auf der Bedienebene der Robotersteuerung muß der Befehlsvorrat erweitert werden, so daß die zu implementierenden Steuerungsfunktionen für den Bediener ansprechbar sind.

<u>Bild 3.4</u> zeigt die allgemeine Struktur eines Robotersystems mit Sensoren und mögliche Schnittstellen zwischen Sensordatenverarbeitung und Steuerungssoftware. Über die Schnittstellen 1) und 2) kann auf die Ablaufsteuerung und die Technologiedatenbeeinflussung eingewirkt werden. Die Schnittstelle 3) dient der Modifikation des Anwenderprogramms bzw. der darin enthaltenen Bahnstützpunkte und ermöglicht damit eine quasistatische Programmkorrektur. Beispiele hierfür sind die sensorgesteuerte Programmauswahl nach /27/ oder die Berücksichtigung eines gemessenen Werkstückversatzes durch Korrektur der Bahnstützpunkte. Bei sensorgeführter Programmierung erfordern die Funktionsblöcke Leitvorschuberzeugung und Programmgenerierung im wesentlichen Zugriffe auf den Anwenderprogrammspeicher, so daß ihre Anbindung über die Schnittstelle 3) erfolgt.

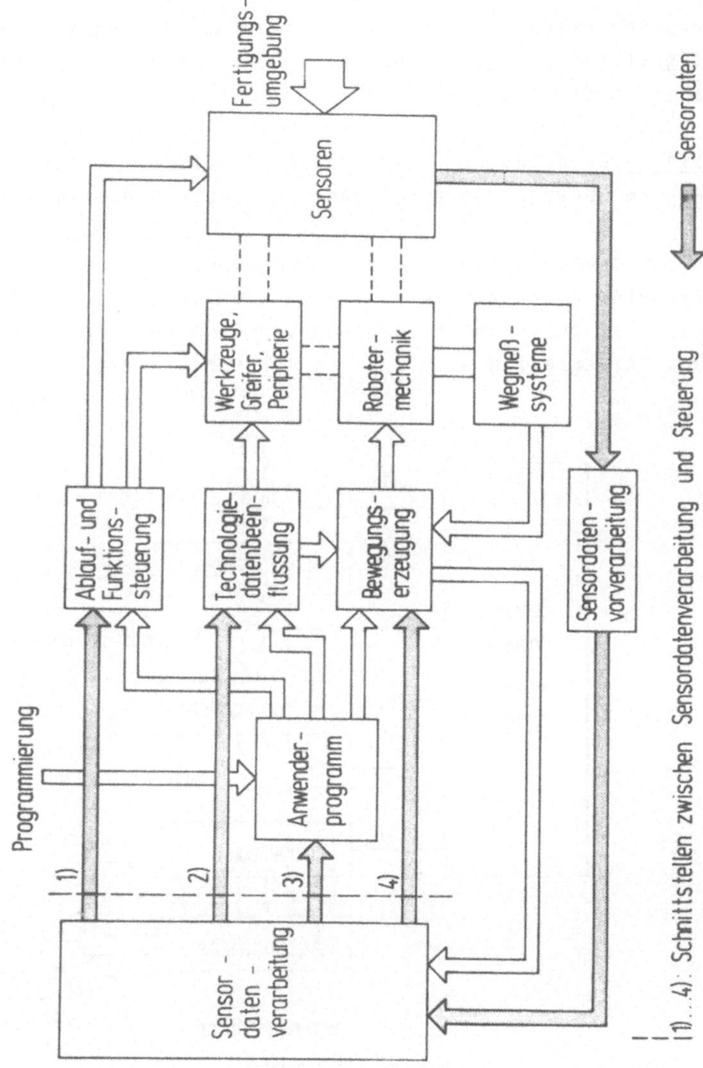

Bild 3.4: Allgemeine Struktur eines Industrierobotersystems mit Sensoren

Die Schnittstelle 4) in Bild 3.4 erlaubt eine direkte Bewegungsbeeinflussung des Industrieroboters und ist daher als Eingriffsmöglichkeit für die Sensorregelung im folgenden näher zu betrachten.

Bild 3.5 erläutert mögliche Eingriffstellen für Sensordaten im bewegungserzeugenden Teil der Steuerungssoftware.

Parameteränderungen in der Bewegungserzeugung (z.B. Bahngeschwindigkeitskorrektur, Werkzeuglängenkorrektur oder Adaption der Lagereglerparameter) können über die Parameterschnittstellen a_1), b_1) und c_1) vorgenommen werden.

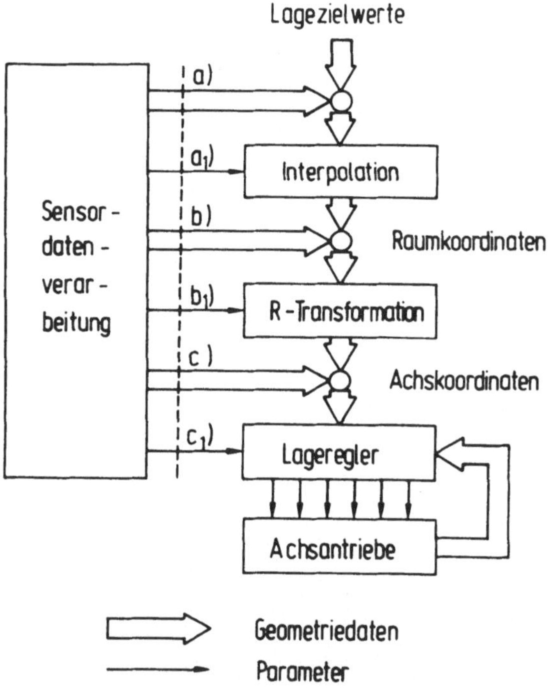

Bild 3.5: Schnittstellen Sensordatenverarbeitung - Bewegungserzeugung

Über die Geometrieschnittstellen a)...c) eingespeiste Sensordaten haben im einzelnen folgende Wirkung:

a) Ausgehend von den Sensordaten werden die vom Bewegungsprogramm gelieferten Zielwerte korrigiert (z.B. Nullpunktverschiebung).

b) Über diese Schnittstelle können die von der Interpolation gelieferten Lagesollwerte in Raumkoordinaten in jedem Interpolationstakt beeinflußt werden.

c) Hier erfolgt die Beeinflussung der Roboterbewegung in Maschinenkoordinaten, d.h. es ergibt sich eine Korrektur einzelner Roboterachsen.

Die Schnittstellen b) und c) sind prinzipiell beide für eine Sensorführung im geschlossenen Regelkreis nutzbar; bei Verwendung der Schnittstelle b) ist auch bei Sensorführung Bahnsteuerungsverhalten gegeben, da die Sensorsignale durch die Rücktransformation automatisch in Achskoordinaten umgerechnet werden. Zu beachten ist, daß die Transformationstaktzeit in die Abtastzeit des Sensorregelkreises eingeht und daß die Sensordaten vor der Verknüpfung in das kartesische Koordinatensystem zu transformieren sind.

Die Benutzung der Schnittstelle c) führt ohne Zusatzmaßnahmen zur Aufhebung des Bahnsteuerungsverhaltens. So bewirkt beispielsweise die Beeinflussung einer Handachse zur Korrektur der Werkzeugorientierung gleichzeitig ein Auswandern des Werkzeugeingriffspunktes. Ebenso kann die Positionskorrektur durch eine Robotergrundachse Orientierungsabweichungen bewirken. Somit entstehen kinematische Fehler, die auch bei Punktsteuerungen für die Bewegung zwischen zwei Stützpunkten kennzeichnend sind. In /32/ wurde aus Rechenzeitgründen dennoch eine Sensorregelung über die Schnittstelle c) vorgeschlagen. Hintergrund ist die Tatsache, daß bei Steuerungen mit geringer Prozessorleistung und entspre-

chend hohen Transformationsrechenzeiten eine Feininterpola-
tion in Maschinenkoordinaten und eine Lageregelung mit höherer Abtastrate durchgeführt werden muß. Zur Sensorrück-
kopplung ist eine Umrechnung der Sensorsignale in Achskoordinaten sowie eine Korrektur des dadurch erhaltenen
Bahnfehlers notwendig. Dieses Vorgehen hat darüber hinaus
den entscheidenden Nachteil, daß man eine Abhängigkeit
der Sensordatenverarbeitung vom kinematischen Aufbau des
Roboters und damit keine allgemeingültige Lösung erhält.

Aufgrund der gewonnenen Erkenntnisse und heute bereits rea-
lisierter Transformationsrechenzeiten von weit unter 20 ms
kommt für die Realisierung der sensorgeführten Programmierung nur Schnittstelle b) in Frage.

4   Nachführendes Abtasten von Werkstücken mit Hilfe von Sensoren

4.1   Struktur der Bewegungserzeugung in der Robotersteuerung bei Sensorführung

Aus den Sensormeßwerten wird die Position und Orientierung des Sensors relativ zum Werkstück ermittelt. Diese Information wird im Steuerungsrechner weiterverarbeitet mit dem Ziel, die Sensoranordnung in festen Abstand und konstante Anstellwinkel zu der abgetasteten Werkstückgeometrie einzuregeln.

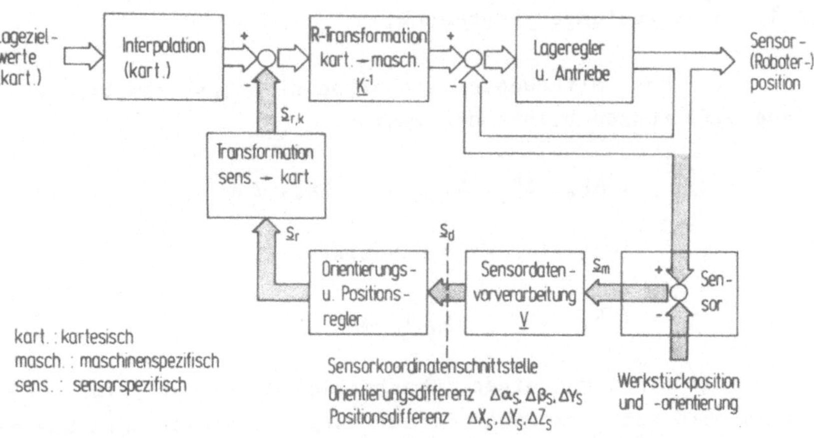

Bild 4.1: Roboterführung mittels überlagertem Sensorregelkreis

Bild 4.1 zeigt die Struktur der Bewegungserzeugung mit überlagerter Sensorregelung. Der Sensor, an der Roboterhand angebracht, bildet in 6 Koordinaten den Soll-Ist-Vergleich zwischen der Werkstückposition und -orientierung und seiner eigenen Lage. Durch die Sensordatenvorverarbeitung werden aus den Sensormeßdaten die Regeldiffenzen $\Delta X_s \ldots \Delta \gamma_s$ im Sensorkoordinatensystem gebildet. Diese wiederum beaufschlagen Positions- und Orientierungsregler, die während jedem Interpolationszyklus die Stellgrößen in sensorspezifischen Koordinaten bilden. Diese werden in das raumfeste kartesische Koordinatensystem transformiert und dort mit den vom Interpolationsbaustein gelieferten Werten (Leitvorschub) verknüpft. Die so entstandenen neuen Koordinaten werden von der Rücktransformation in herkömmlicher Weise in Sollwerte für die Roboterachsen umgerechnet.

4.1.1 <u>Sensordatenvorverarbeitung</u>

Die auf das mitbewegte Sensorkoordinatensystem bezogenen Regeldifferenzen bilden den Vektor

$$\underline{s}_d = (\Delta X_s, \; \Delta Y_s, \; \Delta Z_s, \; \Delta \alpha_s, \; \Delta \beta_s, \; \Delta \gamma_s).$$

Der Sensor selbst liefert die Meßwerte

$$\underline{s}_m = (S_1, \; \ldots, S_n) \quad \text{mit } n \geq 6.$$

Für $n > 6$ hat man einen "überbestimmten Sensor", für $n = 6$ liegt ein sog. homogener Sensor vor. "Unterbestimmte Sensoren", die weniger als 6 Meßgrößen liefern, werden dadurch gekennzeichnet, daß die entsprechenden Vektorkomponenten in $\underline{s}_m$ zu null gesetzt werden. Die Berechnung der Sensorregeldifferenzen aus den Sensormeßwerten wird durch den Baustein Sensordatenvorverarbeitung vorgenommen, der die Vorverarbeitungsmatrix $\underline{V}$ enthält. Es gilt

$$\underline{s}_d = \underline{s}_m \, \underline{V}. \tag{4.1}$$

$\underline{V}$ ist eine n*m-Matrix mit $n \geq 6$ und $m = 6$.

Die Matrixelemente $V_{11}...V_{nm}$, die definiert sind durch

$$\underline{V} = \begin{pmatrix} V_{11} & \cdots & V_{1m} \\ \vdots & & \vdots \\ V_{n1} & \cdots & V_{nm} \end{pmatrix}$$

ergeben sich durch Aufstellen des Gleichungssystems für den Zusammenhang Sensorkoordinaten / Sensormeßwerte bei einem konkreten Sensor (vgl. Kap. 4.3.).

Am Ausgang der Sensordatenvorverarbeitung erhält man damit eine einheitliche Schnittstelle; der dort übergebene Regeldifferenzvektor $\underline{s}_d$ ist sensorunabhängig.

Durch Austausch bzw. Parametrisierung der Matrix $\underline{V}$ kann die Sensorführung an den eingesetzten Sensor angepaßt werden. Sind die Matrixelemente von der Bedienoberfläche der Robotersteuerung her zugänglich, so ist, unter der Voraussetzung einer einheitlichen Hardwareschnittstelle, die Anschaltung unterschiedlicher Sensoren durch den Anwender ermöglicht.

4.1.2 Sensorregler

Die Sensorregelung weist zunächst das Verhalten eines nichtlinearen Mehrgrößenregelsystems auf. Durch die enthaltenen Transformationsbausteine werden jedoch die Stellgrößen entkoppelt und lineares Verhalten erreicht, so daß die Sensorkoordinaten jeweils für sich geregelt werden können. Man erhält dann 6 unabhängige Sensorregelkreise, deren Struktur durch das vereinfachte kontinuierliche Blockschaltbild nach Bild 4.2 beschrieben wird.

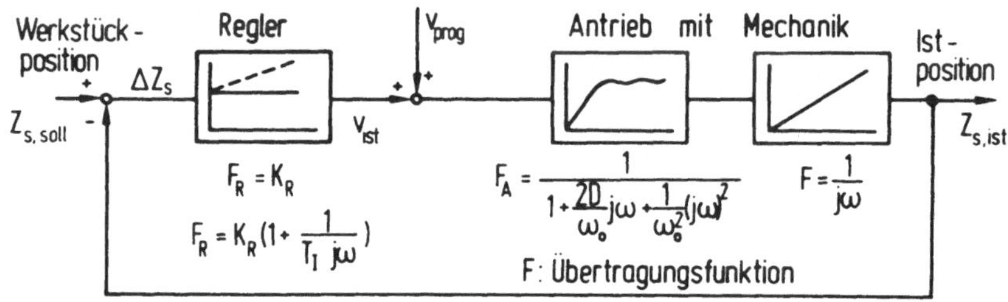

Bild 4.2: Vereinfachtes kontinuierliches Blockschaltbild für die Regelung einer Sensorkoordinate

Die lagegeregelte, hier als steif betrachtete Robotermechanik wird als Schwingungsglied 2. Ordnung mit nachgeschaltetem Integralglied angesetzt; Maßnahmen zur Verbesserung ihres Regelverhaltens, beispielsweise gemäß /23,33,34/ sind nicht Teil dieser Arbeit, können aber unabhängig vom überlagerten Sensorregelkreis ergriffen werden und verbessern seinen Führungsfrequenzgang.

Der Sensorregler besteht aus 6 Einzelreglern für $\Delta X_s \ldots \Delta \gamma_s$, die als digitale P- oder PI-Regler ausgeführt sind und am Ausgang den Stellgrößenvektor

$$\underline{s}_r = (\; X_r,\; Y_r,\; Z_r,\; \alpha_r,\; \beta_r,\; \gamma_r\;)$$

liefern. Zum Abtastzeitpunkt kT gelten für P- bzw. PI-Regelung die vektoriellen Differenzengleichungen

$$\underline{s}_r(k) = \underline{K}_R\underline{s}_d(k)$$

bzw. $\qquad \underline{s}_r(k) = \underline{s}_r(k-1) + \underline{q}_0\underline{s}_d(k) + \underline{q}_1\underline{s}_d(k-1).$ $\qquad$ (4.2)

Durch die Vektoren

$$\underline{K}_R = \begin{pmatrix} K_{R,x_s} \\ \cdot \\ \cdot \\ \cdot \\ K_{R,y_s} \end{pmatrix} \quad , \quad \underline{a}_0 = \begin{pmatrix} K_{R,x_s}(1 + T/2T_{I,x_s}) \\ \cdot \\ \cdot \\ K_{R,y_s}(1 + T/2T_{I,y_s}) \end{pmatrix}$$

und

$$\underline{a}_1 = \begin{pmatrix} K_{R,x_s}(1 - T/2T_{I,x_s}) \\ \cdot \\ \cdot \\ K_{R,y_s}(1 - T/2T_{I,y_s}) \end{pmatrix}$$

werden die Reglerparameter für die einzelnen Sensorkoordinaten zusammengefaßt.

Die Nachführregelkreise werden synchron (d.h. mit derselben Abtastzeit) zum Interpolations-, Transformations- und Lageregeltakt geschlossen. Zur Vermeidung einer statischen Regeldifferenz kann der PI-Algorithmus verwendet werden, wodurch man allerdings wiederum eine Verschlechterung des dynamischen Verhaltens in Kauf zu nehmen hat.

Die Dimensionierung der Reglerparameter erfolgt nach Stabilitätsgesichtspunkten; sie ist abhängig vom eingesetzten Robotertyp, da sich durch die Sensoranbringung an der Roboterhand sämtliche (zum Teil schwingungsfähigen) mechanischen Übertragungsglieder innerhalb des Regelkreises befinden. Ebenfalls zu beachten sind variable Streckenparameter, verursacht durch sich ändernde Massenträgheitsverhältnisse am Roboterarm. Um zusätzliche Bahnverzerrungen bei Sensorführung zu vermeiden, sind die Geschwindigkeitsverstärkungen der Positionsregelkreise gleich zu wählen, so daß gilt:

$$K_{V,x_s} = K_{V,y_s} = K_{V,z_s} .$$

Zur Vermeidung von zusätzlichen Orientierungsverzerrungen ist für die Orientierungsregelkreise zu fordern:

$$K_{\omega, \alpha_s} = K_{\omega, \beta_s} = K_{\omega, \gamma_s}.$$

Da sich die Stellgrößen aufgrund der zu durchlaufenden Transformationsmodule nichtlinear auf die Maschinenachsen verteilen, ist für die Dimensionierung sämtlicher Regler die dynamisch schlechteste Achse maßgebend.

Theoretisch denkbar ist auch eine Anpassung der Sensorreglerparameter an die Dynamik einzelner Achsen. Dazu müßten die Regeldifferenzen zunächst separat die Transformationsroutinen durchlaufen und erst auf Maschinenkoordinatenebene

Bild 4.3: Industrieroboter mit Geometriesensor

entsprechende Sensorregler beaufschlagen. Aufgrund der
Nachteile

- variable, positionsabhängige Geschwindigkeitsverstärkung in Sensorkoordinaten (besonders
  nachteilig bei Handführung),
- zusätzliche Bahn- und Orientierungsverzerrungen,
- erheblich höherer Rechenaufwand

ist dieses Vorgehen als ungünstig einzustufen.

Bei dem eingesetzten Industrieroboter (<u>Bild 4.3</u>) wurden
folgende Werte realisiert:

$$K_{v,\,x_s y_s z_s} = 13\ s^{-1}, \qquad K_{\omega,\,\alpha_s \beta_s \gamma_s} = 5.1\ s^{-1}.$$

Zur Bestimmung der Geschwindigkeitsverstärkungen dient der
Versuchsaufbau gemäß <u>Bild 4.4</u> (Beispiel für $K_{v,\,z_s}$).

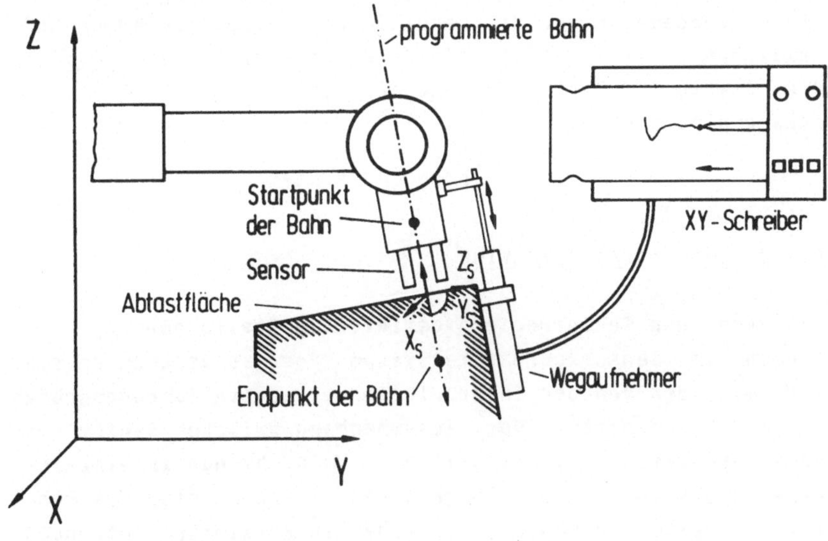

<u>Bild 4.4:</u> Ermittlung der Geschwindigkeitsverstärkung
im Sensorregelkreis

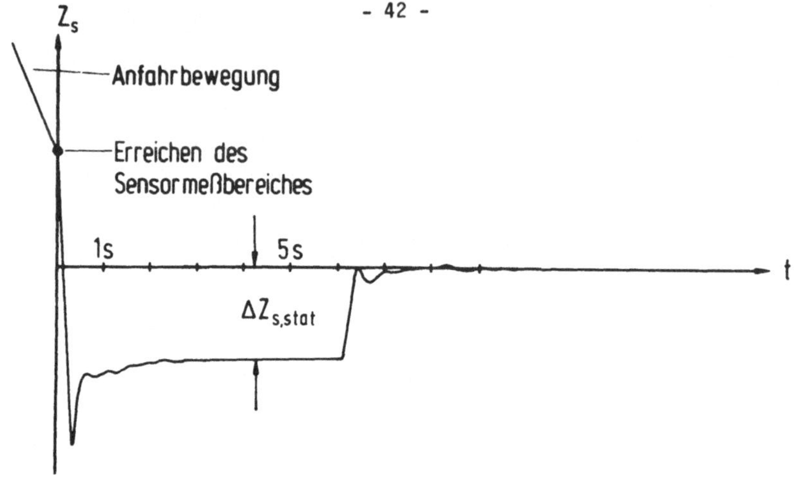

Bild 4.5: Sprungantwort des Sensorregelkreises (P-Regler)

Bei aktivierter Sensorregelung (P-Regler) wird in Z_s-Richtung eine programmierte Bahngeschwindigkeit v_{prog} als Störgröße vorgegeben und die resultierende Roboterbewegung aufgezeichnet. Man erhält die Sprungantwort von **Bild 4.5** und die stationäre Regeldifferenz als Schleppabstand /34/. Hieraus ergibt sich

$$K_{v,z_s} = v_{prog} / \Delta Z_{s,stat}.$$

4.1.3 Sensortransformation

Die von den Sensorreglern gelieferten Stellgrößen $X_r \ldots Y_r$ liegen im Sensorkoordinatensystem vor; zu verknüpfen sind sie mit den von der Interpolation erzeugten Führungsgrößen in Raumkoordinaten. Der Zusammenhang zwischen Sensor- und Raumkoordinaten ist nichtlinear. Um nicht nur in einzelnen Arbeitspunkten, sondern im gesamten Verfahrbereich des Roboters arbeiten zu können, ist eine Linearisierung notwendig. Eine vollständige Linearisierung stellt die Transformation der Stellgrößen in das raumfeste kartesische Koordinatensystem dar, im weiteren als Sensortransformation bezeichnet.

Die Beschreibung von Position und Orientierung des Sensorkoordinatensystems (und damit des Sensors) im Raumkoordinatensystem geschieht gemäß <u>Bild 4.6</u> und folgender Definition: Die kartesischen Koordinaten X,Y,Z legen den Ursprung
des Sensorkoordinatensystems fest, die Orientierungswinkel
U,V,W sind die Drehwinkel dreier aufeinanderfolgend gedach-
ter Rotationen. U ist der Drehwinkel des Sensorsystems um
die Y-Achse, V ist der Drehwinkel um die bereits gedrehte X-
Achse, W ist der Drehwinkel um die zweimal gedrehte Z-Achse.

Aus den Orientierungswinkeln U,V,W des Sensorkoordinatensystems läßt sich die Drehmatrix

$$\underline{D} = \begin{pmatrix} D_{11} & D_{12} & D_{13} \\ D_{21} & D_{22} & D_{23} \\ D_{31} & D_{32} & D_{33} \end{pmatrix}$$

ermitteln /36/. Für die einzelnen Matrixelemente gilt:

$$D_{11} = \cos U \ \cos W + \sin U \ \sin V \ \sin W$$

$$D_{12} = -\cos U \ \sin W + \sin U \ \sin V \ \cos W$$

$$D_{13} = \sin U \ \cos V$$

$$D_{21} = \cos V \ \sin W$$

$$D_{22} = \cos V \ \cos W$$

$$D_{23} = -\sin V$$

$$D_{31} = -\sin U \ \cos W + \cos U \ \sin V \ \sin W$$

$$D_{32} = \sin U \ \sin W + \cos U \ \sin V \ \cos W$$

$$D_{33} = \cos U \ \cos V \tag{4.3}$$

Für die Transformation der in Sensorkoordinaten vorliegenden
Ausgangsgrößen der Positionsregler werden diese zu einem
Vektor zusammengefaßt:

$$\underline{d}_r = (X_r, \ Y_r, \ Z_r) \tag{4.4}$$

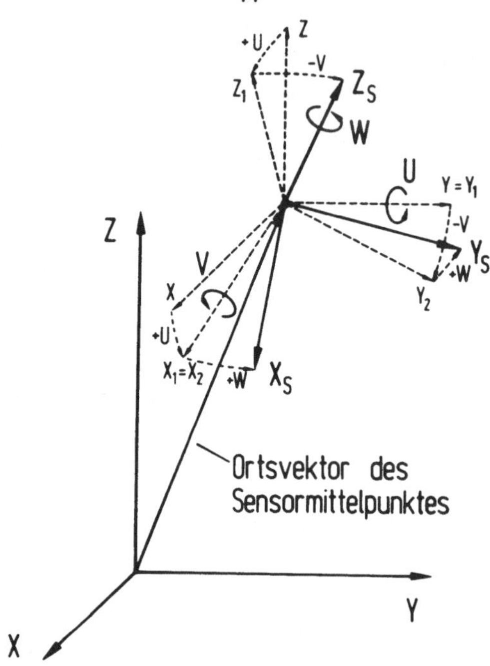

Bild 4.6: Definition der Orientierungswinkel
im Raumkoordinatensystem

Der in das kartesische Raumkoordinatensystem transformierte
Vektor ergibt sich zu:

$$\underline{d}_{r,k} = \underline{D} \cdot \underline{d}_r \qquad (4.5)$$

Die 3 Komponenten von $\underline{d}_{r,k}$ in X-, Y-, Z-Richtung berechnet
man unter Zuhilfenahme der Gleichungen (4.3):

$$d_{r,k,x} = X_r (\cos U \ \cos W + \sin U \ \sin V \ \sin W) +$$
$$+ Y_r (-\cos U \ \sin W + \sin U \ \sin V \ \cos W) +$$
$$+ Z_r \ \sin U \ \cos V$$

$$d_{r,k,y} = X_r \cos V \ \sin W + Y_r \cos V \ \cos W - Z_r \sin V$$

$$d_{r,k,z} = X_r \, (-\sin U \, \cos W + \cos U \, \sin V \, \sin W) +$$
$$+ \, Y_r \, (\sin U \, \sin W + \cos U \, \sin V \, \cos W) +$$
$$+ \, Z_r \quad \cos U \, \cos V \qquad\qquad (4.6)$$

Die Transformation der Ausgangsgrößen α_r, β_r, γ_r der Orientierungsregler erfordert höheren Aufwand. Zunächst wird nach (4.3) eine Drehmatrix $\underline{D}_r$ gebildet, die die Orientierung des abgetasteten Werkstücks relativ zum Sensorkoordinatensystem beschreibt. Die Matrixelemente haben folgende Form:

$$
\begin{aligned}
D_{11,r} &= \cos \alpha_r \cos \gamma_r + \sin \alpha_r \sin \beta_r \sin \gamma_r \\
D_{12,r} &= - \cos \alpha_r \sin \gamma_r + \sin \alpha_r \sin \beta_r \cos \gamma_r \\
D_{13,r} &= \sin \alpha_r \cos \beta_r \\
D_{21,r} &= \cos \beta_r \sin \gamma_r \\
D_{22,r} &= \cos \beta_r \cos \gamma_r \\
D_{23,r} &= - \sin \beta_r \\
D_{31,r} &= - \sin \alpha_r \cos \gamma_r + \cos \alpha_r \sin \beta_r \sin \gamma_r \\
D_{32,r} &= \sin \alpha_r \sin \gamma_r + \cos \alpha_r \sin \beta_r \cos \gamma_r \\
D_{33,r} &= \cos \alpha_r \cos \beta_r
\end{aligned}
\qquad (4.7)
$$

Durch Matrixmultiplikation erhält man die korrigierte neue Drehmatrix

$$\underline{D}_n = \underline{D} \cdot \underline{D}_r \qquad\qquad (4.8)$$

Aus Matrixelementen von $\underline{D}_n$ werden wie folgt die Absolutwerte für die korrigierten Orientierungswinkel U_n, V_n, W_n bestimmt:

$$U_n = \arctan (D_{13,n} / D_{33,n})$$

$$V_n = \arcsin (-D_{23,n}) \qquad\qquad (4.9)$$

$$W_n = \arctan (D_{21,n} / D_{22,n})$$

Die in der Steuerung zu verarbeitenden Korrekturorientierungen (bezogen auf das kartesische Raumkoordinatensystem) sind schließlich:

$$U_{r,k} = U_n - U$$
$$V_{r,k} = V_n - V \qquad (4.10)$$
$$W_{r,k} = W_n - W$$

Da durch die Sensortransformation Sensorkoordinaten in Raumkoordinaten umgerechnet werden und Achskoordinaten nicht in die Rechnung eingehen, ist dieser Baustein unabhängig vom kinematischen Aufbau des Industrieroboters und braucht daher nicht an unterschiedliche Achskonfigurationen angepaßt werden. Diese Anpassung wird allein durch die herkömmliche Rücktransformation /37/ erreicht, durch welche Achskoordinaten aus Raumkoordinaten ermittelt werden. Die so realisierte Sensorführung ist weitgehend allgemein einsetzbar und kann nicht nur bei automatischer Programmierung sondern selbstverständlich auch zur direkten Bewegungskorrektur während der Bearbeitung selbst angewendet werden /38/. Auf die damit verbundenen vielfältigen Einsatzmöglichkeiten wird hier jedoch nicht eingegangen.

4.2 Elimination des Schleppabstandes im Sensorregelkreis

Die während der Sensorführung sich einstellende Sensorposition und -orientierung unterscheiden sich von der tatsächlichen Werkstücklage durch die auftretenden Regeldifferenzen (Bild 4.7). Der Regeldifferenzvektor $\underline{s}_d = (\Delta X_s, \ldots, \Delta \gamma_s)$ (zusammenfassend als Schleppabstand bezeichnet) verringert daher in Abhängigkeit von Bahngeschwindigkeit und auftretenden Geometrieänderungen die Nachführgenauigkeit. Dies wirkt sich insbesondere dann störend aus, wenn präzise Programmiervorgänge mit einer Bahn- bzw. Orientierungsgenauigkeit von ca. 0,2 mm und 1° gefordert sind, wie z.B. beim Oberflächenschleifen.

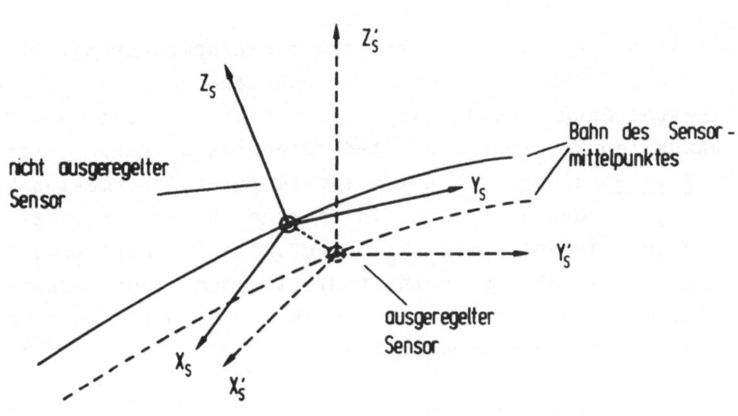

Bild 4.7: Regeldifferenz im Sensorregelkreis

Eine einfache Möglichkeit zur Vermeidung statischer Regeldifferenzen besteht in der Aktivierung des Integralanteils im Sensorregler. Eine wesentlich bessere Programmiergenauigkeit ist jedoch durch folgendes Vorgehen zu erreichen, durch das auch dynamische Regelabweichungen kompensiert werden: Man läßt während des Programmierlaufs durchaus einen Schleppabstand im Sensorregelkreis zu, eliminiert ihn jedoch

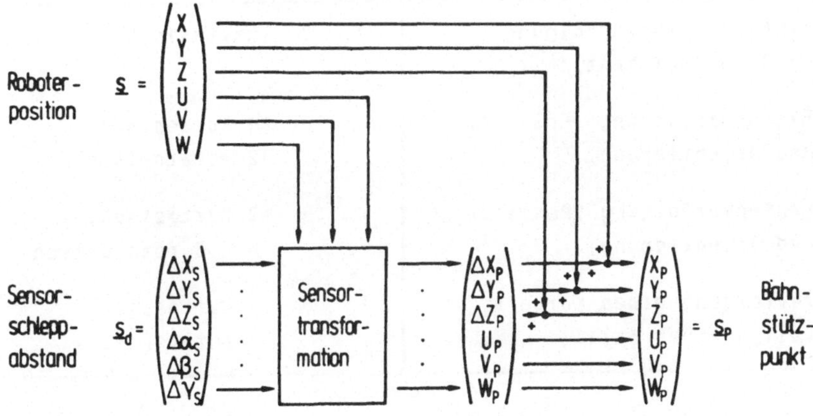

Bild 4.8: Elimination des Sensorschleppabstandes

rechnerisch bei der automatischen Bahnspeicherung. Hierzu sind die 6 Komponenten des Schleppabstandsvektors $\underline{s}_d$ in das kartesische Raumkoordinatensystem zu transformieren und dort die aktuellen Roboterkoordinaten rechnerisch zu korrigieren. Nach **Bild 4.8** wird ein zweiter Sensortransformationsbaustein, der ebenfalls den in Abschn. 4.1.3 dargestellten Gleichungen genügt, mit $\underline{s}_d$ beaufschlagt. Der erhaltene Stützpunktdatensatz $\underline{s}_p$ enthält die tatsächlichen Werkstückkoordinaten und -orientierungswinkel und bildet die Basis für die automatische Bahnspeicherung.

4.3 Sensoren zur Roboterführung

4.3.1 Allgemeines

Tabelle 4.1 beinhaltet die Anzahl der durch einen Sensor zu erfassenden Koordinaten für unterschiedliche Einsatzfälle.

Einsatz des Sensors für	Anzahl der zu messenden Koordinaten
einfache Bahnverfolgung (z.B. Schweißnaht)	1...2 (kartesisch)
Flächenabtastung (Position und Orientierung)	3 (1 kartesisch, 2 rotatorisch)
Kantenverfolgung (Position und Orientierung)	4...5 (2 kartesisch, 2...3 rotatorisch)
Verfolgung eines Körpers (allgemeiner Fall)	6 (3 kartesisch, 3 rotatorisch)

Tabelle 4.1: Meßaufgaben für Geometriesensoren

Geometriesensoren können prinzipiell berührungslos oder taktil /39/ arbeiten. Der Vorteil berührungsloser Sensoren besteht in der verschleiß- und rückwirkungsfreien Messung sowie in der Verminderung der Kollisionsgefahr an Graten, Bohrungen und vorspringenden Werkstückteilen.

Als nichttaktile physikalische Meßprinzipien findet man induktive, kapazitive, akustische und in Zukunft vor allem optische Verfahren /40,41/.

4.3.2 Berührungsloser Geometriesensor

Entsprechend den in Abschnitt 3.2 genannten Anforderungen ist zur Erfassung der 6 Geometriegrößen ein homogenes Sensorsystem bestehend aus 6 Abstandsmeßelementen aufzubauen. Die räumliche Anordnung der einzelnen Meßglieder ist so vorzunehmen, daß zum einen für die Sensordatenvorverarbeitung minimaler Rechenaufwand entsteht und andererseits unterschiedliche Abtastaufgaben durch einfache Änderung der Anordnung gelöst werden können.

4.3.2.1 Aufbau und Eigenschaften

Bild 4.9a zeigt einen realisierten Sensor im Maximalausbau für 6 Koordinaten. Als Meßelemente wurden berührungslose induktive Abstandstaster eingesetzt, die nach dem Wirbelstromprinzip arbeiten. Dementsprechend eignet sich der Sensor zum Einsatz bei magnetischen, mit reduziertem Meßweg auch bei nichtmagnetischen Werkstücken.

Die Wirbelstromtaster weisen den Vorteil der "integralen" Abstandsmessung auf (Bild 4.10). Sie kommt dadurch zustande, daß ein konzentrisches Flächenelement am Werkstück mit etwa dem Durchmesser des Tasters zum Meßergebnis beiträgt /42/.

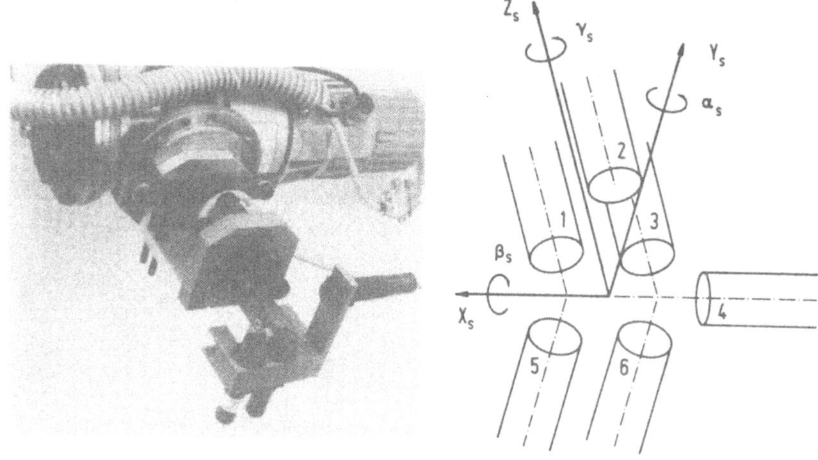

Bild 4.9a: Berührungsloser Geometriesensor

Bild 4.9b: Zuordnung Sensorelemente / Sensorkoordinatensystem

Man erhält in 1. Näherung eine Abstandsmittelung über der abgetasteten Fläche, was im Gegensatz zu einer punktförmigen Messung eine weitgehende Unempfindlichkeit gegen Oberflächenstörungen (Riefen, Lunker, Grate) mit sich bringt.

Die Kennlinie der Meßtaster verläuft im Bereich 0...8 mm im wesentlichen linear, um dann für größere Meßwerte in exponentiellen Verlauf überzugehen und bei ca. 16 mm Meßabstand die Sättigung zu erreichen.

Die insgesamt nichtlineare Tasterkennlinie hat zur Folge, daß der Sensor regelungstechnisch ein nichtlineares Übertragungsglied im Sensorregelkreis darstellt. Dem kann prinzipiell dadurch Rechnung getragen werden, daß die Sensorregler einer Parameteradaption unterworfen werden.

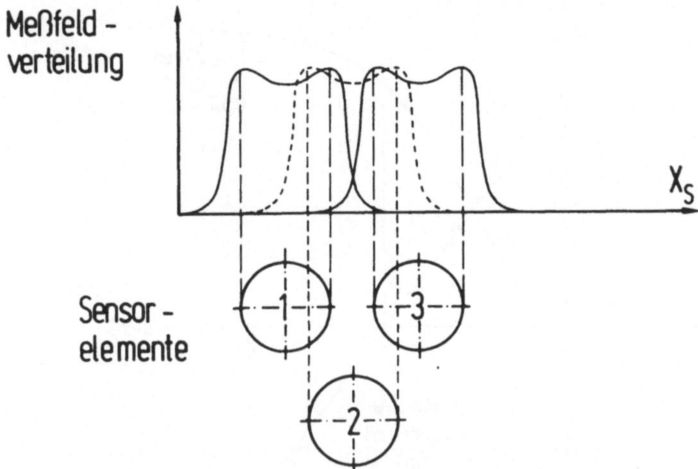

__Bild 4.10:__ Ausdehnung der Meßfläche bei Wirbelstromsensoren

Wesentlich günstiger ist es jedoch, den nichtlinearen Zusammenhang zwischen Regelgröße und Sensorsignal in der Sensordatenvorverarbeitung zu linearisieren. Damit hat man als Vorteile einfache, sensorunabhängige Regler und Konzentration der geräteabhängigen Algorithmen in der Sensordatenvorverarbeitung.

Die analogen Sensorsignale werden über schnelle A/D-Eingabekanäle in die Steuerung eingelesen, invertiert, linearisiert und mit einem Gleichwert (K_{off}) beaufschlagt, so daß man für den Meßbereich - 6 mm ... + 8 mm einen annähernd linearen Verlauf der Tasterkennlinie erhält (__Bild 4.11__).

Die linearisierten und korrigierten Sensormeßwerte erhält man nach der Formel

$$S_i = - f^{-1}(S_{i,unkorr}) + K_{off} \qquad (4.11)$$

wobei $S_{i,unkorr} = f(d)$ eine die unkorrigierte Kennlinie nachbildende, stückweise lineare Funktion darstellt.

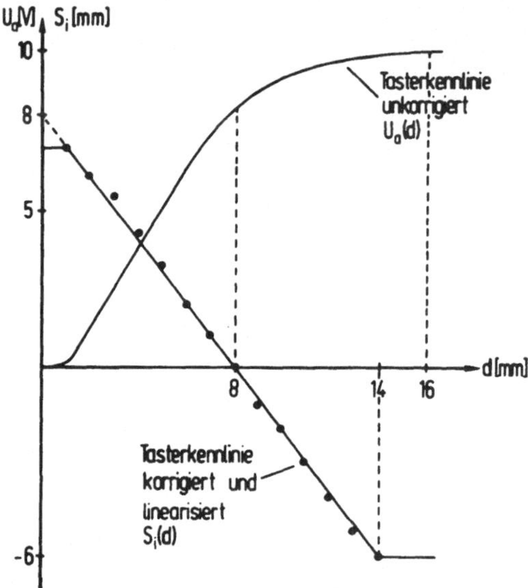

Bild 4.11: Linearisierung der Sensorkennlinie

Die Lage des Sensorkoordinatensystems wird entsprechend **Bild 4.9b** so definiert, daß die jeweiligen Sensorachsen parallel zu den Koordinatenachsen sind und der Koordinatenursprung sich im Regelabstand von den Sensorstirnflächen befindet. Aus den Sensormeßwerten $\underline{s}_m = (S_1,\ldots,S_6)$ werden die Regeldifferenzen $\underline{s}_d = (\Delta X_s,\ldots,\Delta \gamma_s)$ wie folgt gebildet.

Aus S_1, S_2 und S_3 berechnet man den Sensorabstand ΔZ_s und die Anstellwinkel $\Delta \alpha_s$ und $\Delta \beta_s$ relativ zum Werkstück. Für ΔZ_s gilt nach **Bild 4.12**:

$$\Delta Z_s = (S_1 + S_2 + S_3)/3 \qquad\qquad (4.12)$$

Berechnung des Kippwinkels $\Delta \beta_s$ um die X_s - Achse (Bild 4.12):

$$\Delta \beta_s = \arctan \; (2\,S_2 - S_1 - S_3) \: / \: (2\,A_s \sin 60^\circ)$$

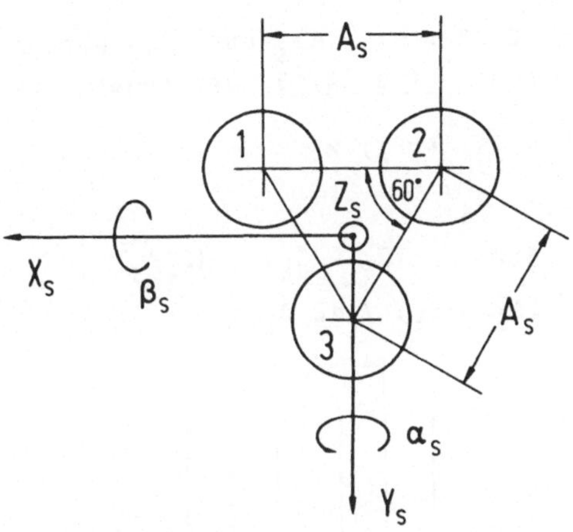

Bild 4.12: Zur Berechnung von ΔZ_S, $\Delta\alpha_S$, $\Delta\beta_S$

Für kleine Auslenkungen gilt mit guter Näherung:

$$\Delta\beta_S \approx (2\,S_2 - S_1 - S_3) / (2\,A_S \sin 60^\circ) \qquad (4.13)$$

$\Delta\beta_S$ ist der Mittelwert der Kippung der beiden von den Sensorelementen 1 und 2 bzw. 2 und 3 aufgespannten Dreieckseiten in Bild 4.12.

Die Berechnung des Kippwinkels $\Delta\alpha_S$ um die Y_S - Achse erfolgt nach:

$$\Delta\alpha_S = \arctan\ (S_1 - S_3) / (2\,A_S)$$

bzw. $\quad \Delta\alpha_S \approx (S_1 - S_3) / (2\,A_S) \qquad (4.14)$

Dies ist die Kippung der von den Sensorelementen 1 und 3 aufgespannten Dreieckseite.

Die übrigen Größen ΔX_S, ΔY_S und $\Delta \gamma_S$ werden in ähnlicher Weise entsprechend __Bild 4.13__ berechnet. Es ergibt sich:

$$\Delta Y_S = -(S_5 + S_6)/2 \tag{4.15}$$

$$\Delta X_S = -S_4 \tag{4.16}$$

$$\Delta \gamma_S = \arctan(S_5 - S_6) / (2 A_S)$$

bzw. $\quad \Delta \gamma_S \approx (S_5 - S_6) / (2 A_S) \tag{4.17}$

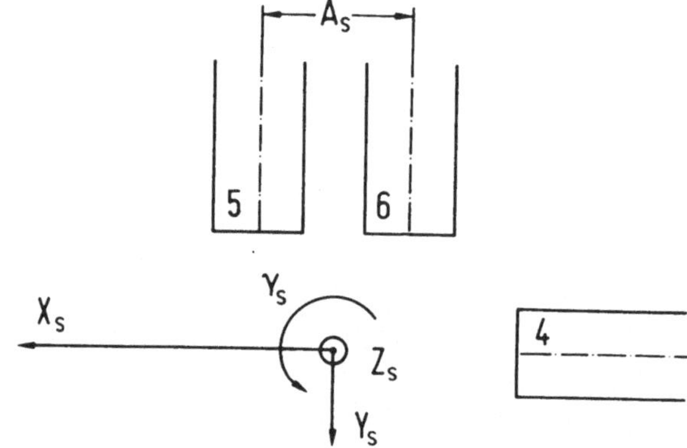

__Bild 4.13:__ Zur Berechnung der Größen ΔX_S, ΔY_S, $\Delta \gamma_S$

Aufgrund der Gleichungen (4.12)...(4.17) nimmt die in Abschn. 4.1.1 definierte Sensordatenvorverarbeitungsmatrix $\underline{V}$ für den berührungslosen Geometriesensor folgende Form an:

$$\underline{V} = \begin{pmatrix} 0 & 0 & 1/3 & 1/(2A_S) & -1/(2A_S \sin 60°) & 0 \\ 0 & 0 & 1/3 & 0 & 1/(2A_S \sin 60°) & 0 \\ 0 & 0 & 1/3 & -1/(2A_S) & -1/(2A_S \sin 60°) & 0 \\ -1 & 0 & 0 & 0 & 0 & 0 \\ 0 & -1/2 & 0 & 0 & 0 & 1/(2A_S) \\ 0 & -1/2 & 0 & 0 & 0 & -1/(2A_S) \end{pmatrix}$$

4.3.2.2 Sensoranpassung an unterschiedliche Abtastaufgaben

Der Geometriesensor ist in seinem Maximalausbau mit 6 Sensorelementen zur Verfolgung eines Körpers (Quaders) in Position und Orientierung geeignet. Wird der in X_S - Richtung messende Taster (Bild 4.9) entfernt, so eignet sich das verbleibende System zum Abtasten prismatischer Kantenverläufe, wie Bild 4.14 zeigt. Demzufolge wird hier auf die Auswertung von Gleichung (4.16) verzichtet, d.h. es werden die entsprechenden Matrixelemente in $\underline{V}$ zu null gesetzt.

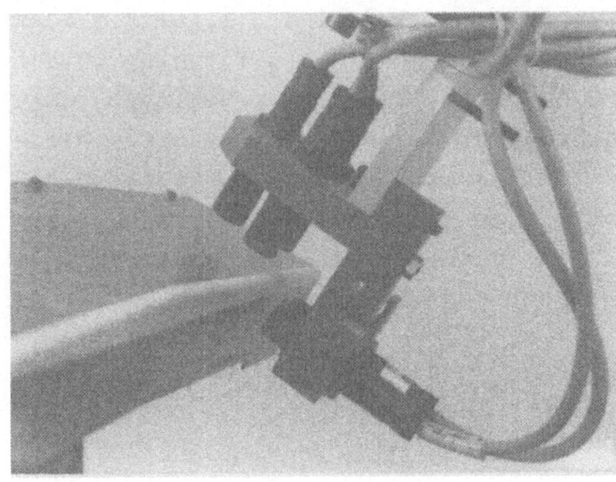

Bild 4.14: Kantenabtastung (reduzierter Sensor für 5 Koordinaten)

Bild 4.15: Abtasten von Werkstückoberflächen (reduzierter Sensor für 3 Koordinaten)

Als weiteres Beispiel sei die häufig auftretende Aufgabe des Flächenabtastens genannt. Hierbei ist der Abstand zur Fläche und zwei Anstellwinkel zur Flächennormalen zu erfassen. Der hierzu geeignete reduzierte Sensor, bestehend aus den Sensorelementen 1...3, ist in <u>Bild 4.15</u> zu erkennen. In diesem Falle genügt die Auswertung der Gleichungen (4.12)...(4.14) bzw. die Weiterverarbeitung der Größen ΔZ_s, $\Delta \alpha_s$ und $\Delta \beta_s$ in der Software für das sensorgesteuerte Nachführen.

Erfordern weitere Abtastaufgaben eine grundsätzlich andere Anordnung der Sensorelemente, z.B. nicht parallele oder nicht orthogonale Abstandstasterachsen, so ist dies in den Matrixelementen von <u>V</u> zu berücksichtigen. <u>V</u> ermöglicht somit die Anpassung der Sensordatenvorverarbeitung an unterschiedliche Sensoren. Dies gilt auch für das im folgenden beschriebene Handführgerät, das zur Realisierung manuell geführter Programmiervorgänge anstelle des Geometriesensors am Roboterarm angebracht werden kann.

4.3.3   <u>Handführgerät</u>

Handgeführte, servogesteuerte Maschinenbewegung ist bislang vor allem aus der Steuerungstechnik der Werkzeugmaschinen bekannt. Nach /43/ werden beim manografischen Nachformfräsen Achsvorschübe dadurch ausgelöst, daß der Maschinenbediener den schaltenden 2D- oder 3D-Nachformfühler manuell über das Werkstück führt. Überträgt man ein entsprechendes Verfahren auf die Roboterprogrammierung, so muß das am Ende des Roboterarms angebrachte Handführgerät in der Lage sein, 6 manuell aufgebrachte Bewegungskomponenten in kontinuierliche Sensorsignale umzusetzen.

4.3.3.1 Prinzipielle Wirkungsweise

Durch das Handführgerät sind die Verschiebungen und Verdrehungen eines Programmierstiftes bezogen auf das zugrunde gelegte Hand- bzw. Sensorkoordinatensystem zu bestimmen. Die genannte Forderung entspricht der Aufgabe, einen Körper in Position und Orientierung zu vermessen. Infolgedessen wird der Programmierstift gemäß <u>Bild 4.16</u> starr mit einem Würfel verbunden, dessen Lage mittels 6 Abstandssensoren bestimmt wird /26,44/. Die Anordnung der Taster wird so gewählt, daß sie jeweils paarweise in den Hauptebenen des Handkoordinatensystems liegen und parallel zu dessen Koordinatenachsen sind.

Aufgrund der dargestellten Tasteranordnung lassen sich die in Kap. 4.1 eingeführten Sensorregeldifferenzen $\Delta X_s \ldots \Delta \gamma_s$ mit geringem mathematischen Aufwand aus den Tasterauslenkungen $S_1 \ldots S_6$ ermitteln.

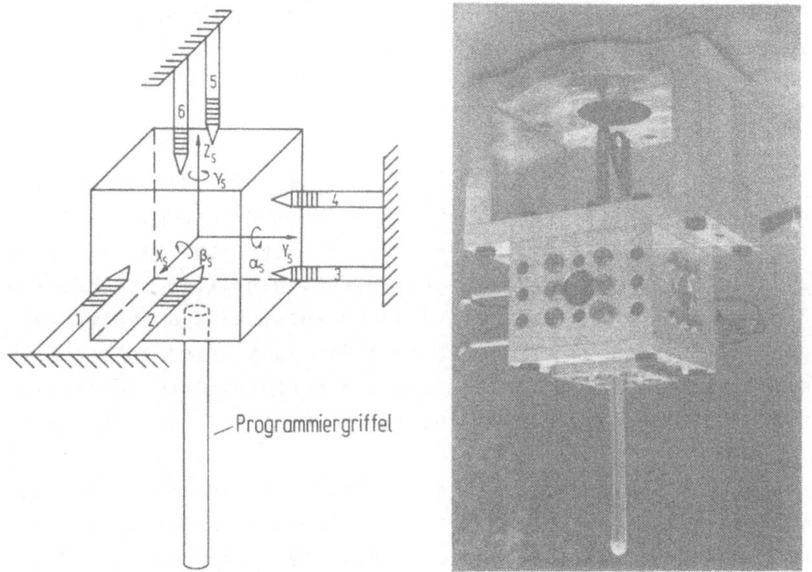

<u>Bild 4.16:</u> Funktionsprinzip und Aufbau des Handführgeräts

Für die Sensorregeldifferenzen gilt:

$$\Delta X_s = (S_1 + S_2) \,/\, 2 \qquad\qquad (4.18)$$

$$\Delta Y_s = (S_3 + S_4) \,/\, 2 \qquad\qquad (4.19)$$

$$\Delta Z_s = (S_5 + S_6) \,/\, 2 \qquad\qquad (4.20)$$

$$\Delta \alpha_s = \arctan\left((S_5 - S_6) \,/\, 2A_s\right)$$

bzw. für kleine Verdrehungen mit guter Näherung:

$$\Delta \alpha_s \approx (S_5 - S_6) \,/\, 2A_s \qquad\qquad (4.21)$$

$$\Delta \beta_s \approx (S_3 - S_4) \,/\, 2A_s \qquad\qquad (4.22)$$

$$\Delta \gamma_s \approx (S_1 - S_2) \,/\, 2A_s \qquad\qquad (4.23)$$

Entsprechend den Gleichungen für $\Delta X_s \ldots \Delta \gamma_s$ erfordert die Berechnung der Vorverarbeitungsmatrix $\underline{V}$ für das Handführgerät geringen Aufwand. Die auftretenden Matrixelemente sind 0, 1/2 und $\pm\, 1/(2A_s)$.

Die Gleichungen (4.18)...(4.23) gelten in dieser Form zunächst im Arbeitspunkt (Ruhelage) des Programmierstiftes. Werden gleichzeitig mehrere Verschiebungen und Verdrehungen am Meßwürfel erzeugt, so treten Abhängigkeiten der Meßgrößen untereinander auf; die dadurch entstehenden Fehler werden im folgenden abgeschätzt. Es läßt sich anhand Bild 4.16 unmittelbar erkennen, daß die Koppeleffekte verschwinden, solange am Würfel lediglich Translationen auftreten.

Als Grundlage für die Fehlerschätzung bei rotatorischer und gleichzeitig translatorischer Auslenkung dient Bild 4.17. Die Meßebene am unausgelenkten Würfel ist definiert durch den Normalenvektor $\underline{n}$ und den Ortsvektor $\underline{r}$. Es gilt mit der Kantenlänge l_W des Würfels:

$$\underline{r} = \begin{pmatrix} 0 \\ 0 \\ l_W/2 \end{pmatrix} , \quad \underline{n} = \begin{pmatrix} 0 \\ 0 \\ 1 \end{pmatrix}$$

Die nach Verdrehung und Verschiebung des Würfels auftretenden Ebenenvektoren erhält man zu:

$$\underline{n}' = \begin{pmatrix} n_1' \\ n_2' \\ n_3' \end{pmatrix} = \underline{D} \cdot \underline{n}$$

$$\underline{r}' = (\underline{n}')l_W/2 + \begin{pmatrix} d_1 \\ d_2 \\ d_3 \end{pmatrix}$$

wobei die Drehmatrix $\underline{D}$ den Gleichungen (4.3) genügt und $\underline{d}$
den Verschiebungsvektor darstellt. Damit ergibt sich die
Gleichung der veränderten Meßebene zu

$$n_1'(X_S - r_1') + n_2'(Y_S - r_2') + n_3'(Z_S - r_3') = 0.$$

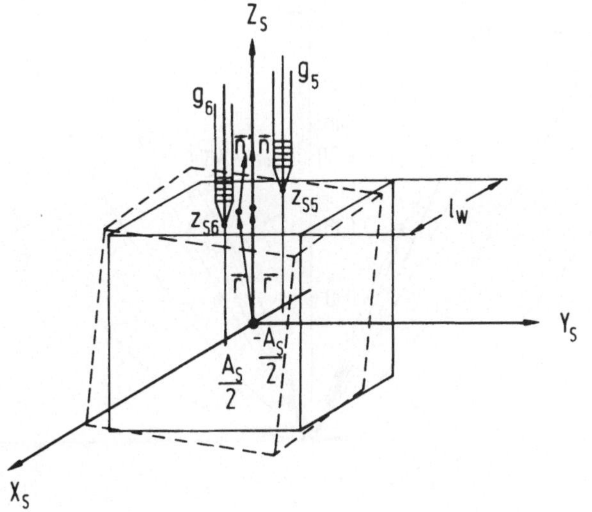

Bild 4.17: Bestimmung der Koppelfehler am Meßwürfel

Zur Bestimmung der zu erwartenden Tasterauslenkungen S_5 und S_6 legt man die Geraden

$$g_5: \quad X_s = -A_s/2, \quad Y_s = 0$$

und

$$g_6: \quad X_s = +A_s/2, \quad Y_s = 0$$

durch die Achsen der zugehörigen Abstandstaster. Die Schnittpunktkoordinaten mit der veränderten Meßebene ergeben sich zu

$$Z_{s5} = r_3' + (n_2' r_2' + n_1' A_s/2 + n_1' r_1') / n_3'$$

$$Z_{s6} = r_3' + (n_2' r_2' - n_1' A_s/2 + n_1' r_1') / n_3'$$

und die translatorischen und rotatorischen Meßfehler zu

$$F_{trans} = -d_3 + (Z_{s5} + Z_{s6} - 1_W) / 2$$

$$F_{rot} = \alpha - \arctan((Z_{s5} - Z_{s6}) / A_s).$$

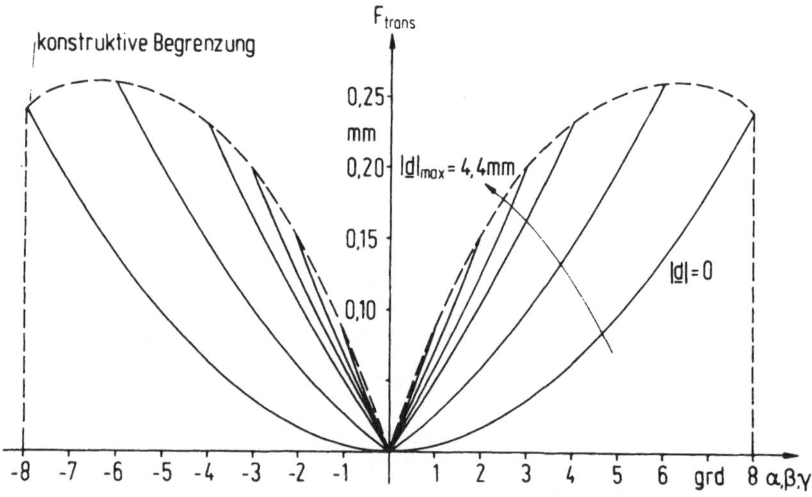

Bild 4.18: Verlauf der Koppelfehler am Meßwürfel

F_{rot} verschwindet durchweg, wie auch anschaulich zu erkennen, F_{trans} wird maximal bei größter gleichzeitiger Verdrehung und Verschiebung des Meßwürfels. Diese schränken sich aufgrund der umgebenden Abstandstaster und Lagerelemente gegenseitig ein. <u>Bild 4.18</u> zeigt den Fehlerverlauf im ungünstigsten Fall. Der Maximalfehler für das realisierte Handführgerät (Abschn. 4.3.3.2) ist 0.26 mm. Die ermittelten Maximalfehler gelten bei größter Würfelauslenkung und dementsprechend maximaler Programmiergeschwindigkeit. Will der Programmierer Bearbeitungsbahnen mit einer Genauigkeit in der Größenordnung 0.5 mm mit dem Programmierstift abfahren, so ist er aus ergonomischen Gründen gezwungen, die Programmiergeschwindigkeit bei diesen Bahnabschnitten auf ca. 10% der Maximalgeschwindigkeit zu verringern. Damit reduzieren sich in diesem Fall die Koppelfehler auf 0.08 mm (Bild 4.18); man kann daher auf eine rechnerische Kompensation in der Robotersteuerung verzichten.

Die Positions- und Orientierungsmeßwerte ΔX_s ... $\Delta \gamma_s$ werden dem Sensorregelkreis der Robotersteuerung zugeführt, dessen Softwarebausteine sich ohne Modifikation auch für die servogesteuerte Handführung des Roboters eignen. Im Unterschied zur Sensorführung mittels Geometriesensoren wird hierbei lediglich auf die Vorgabe eines Leitvorschubs verzichtet, da sämtliche Roboterbewegungen vom Bediener manuell am Programmierstift ausgelöst werden. Die beim eingesetzten Industrieroboter maximal erreichte Programmiergeschwindigkeit beträgt v = 130 mm/s.

4.3.3.2 <u>Eigengewichtskompensation</u>

Auf die beweglichen Teile des Handführgerätes (Programmierstift, Meßwürfel) wirken Gewichtskräfte und Federkräfte der Meßtaster, die, abhängig von der Stellung zur Senkrechten, ohne Gegenmaßnahmen zu einer Auslenkung des Systems führen. Wird dieser Effekt bei der Lagerung des Meßwürfels kompensiert, so erreicht man, daß die Anordnung im unausgelenkten Zustand stets in Nullstellung verharrt und aus jeder Stellung automatisch dorthin zurückkehrt, wenn der Programmierstift sich selbst überlassen wird.

Die Lagerung des Meßwürfels erfolgt gemäß <u>Bild 4.19</u> durch allseitig angreifende Federelemente. Im Bild dargestellt ist die Ruhelage der Anordnung bei horizontalem Programmierstift (max. Gewichtsmoment am Würfel). Die Schnittebene ist so gelegt, daß einer der vorhandenen Meßtaster sowie die entsprechenden Federelemente enthalten sind. Ein zweiter Satz von Lagerelementen ist in einer Parallelebene angeordnet (vgl. Bild 4.16), in der auch der zweite zugehörige Abstandstaster liegt, so daß sich die zu kompensierende Gewichtskraft F_g und das Moment M_g hälftig auf die beiden Federsysteme verteilen. Die im folgenden durchgeführte Dimensionierung der Federkräfte erfolgt anhand der Ruhelage und ist repräsentativ auch für die in anderen Schnittebenen liegenden Lagerelemente.

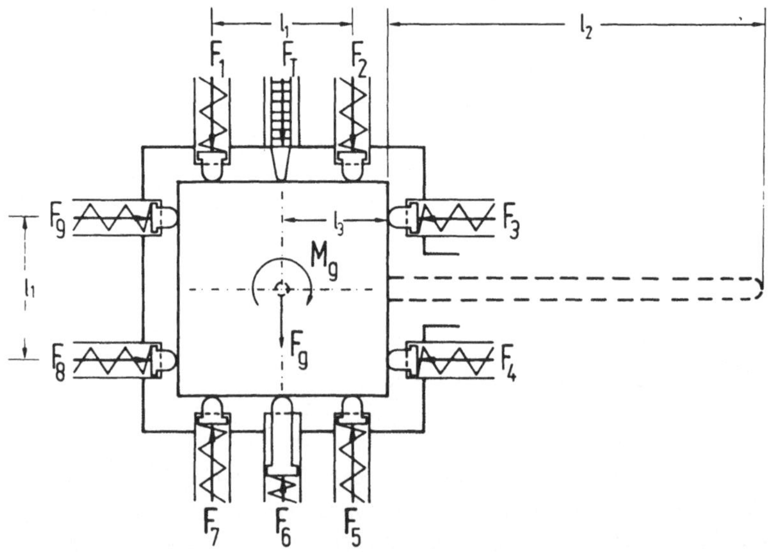

<u>Bild 4.19:</u> Kraftverhältnisse bei der Lagerung des Meßwürfels

Zunächst ist zu beachten, daß die Anpreßkraft F_t des Meßtasters mit Hilfe des Federelementes 6 aufgehoben wird ($F_6 = F_t$), so daß diese beiden Kräfte für die weitere Rechnung außer acht gelassen werden können. Durch die Federelemente 1...5 und 7...9 (Vorspannkräfte F_i) ist die halbe Gewichtskraft und das halbe Gewichtsmoment zu kompensieren. Es gilt:

$$F_g/2 = (m_W + m_S)g/2 \qquad\qquad (4.24)$$

$$M_g/2 = m_Sg(l_3 + l_2/2)/2 \qquad\qquad (4.25)$$

Die Federelemente sind konstruktiv so ausgeführt, daß sie sich bei Ruhelage des Meßwürfels gerade an ihrem eigenen mechanischen Anschlag befinden und erst bei Auslenkung eingedrückt werden. Somit ruht $F_g/2$ hälftig auf den Federelementen 5 und 7 und $M_g/2$ zu je einem Viertel auf den Elementen 1,3,5 und 8. Element 5 ist am stärksten belastet und wird daher zur Dimensionierung sämtlicher Vorspannkräfte F_i herangezogen. Es gilt mit (4.24), (4.25) die Forderung:

$$F_i > (m_W + m_S)g/4 + m_Sg(l_3 + l_2/2)/4l_1 \qquad\qquad (4.26)$$

Wird (4.26) eingehalten, so ist sichergestellt, daß es unabhängig von der Orientierung des Handführgerätes im Raum zu keinen Auslenkungen aufgrund von Gewichtskräften und -momenten kommt. Bei der Realisierung des Gerätes wurden folgende Werte erreicht:

$$m_W = 130 \text{ g}, m_S = 20g, l_1 = 35 \text{ mm}, l_2 = 115 \text{ mm}, l_3 = 25 \text{ mm}.$$

Das Verhältnis $l_3 < l_1$ erreicht man durch nutenförmige Würfelmeßflächen. Mit den genannten Werten gilt: $F_i > 0.48$ N. Mit entsprechender Sicherheit wurde pro Federelement eine Vorspannung von 0.6 N gewählt. Dies entspricht einer Vorspannkraft von 2.4 N in den translatorischen Hauptrichtungen und einem Drehwiderstand von $9.8*10^{-2}$ N/m.

Die ermittelten Kräfte und Momente sind vom Bediener bei der Auslenkung des Programmierstiftes aus der Ruhelage aufzubringen. Sie liegen in einem ergonomisch vertretbaren Rahmen, so daß das Führen des Roboters während des Programmiervorgangs hierdurch nicht nachteilig beeinflußt wird.

Zusammenfassung

Ausgehend von der herkömmlichen Bewegungserzeugung in der Roboterbahnsteuerung wurde ein Sensorregelkreis, mit dem ein Nachführen von 6 Sensorkoordinaten gezeigt werden konnte, konzipiert. Entscheidende Bausteine sind Sensordatenvorverarbeitung, Sensorregler und Sensortransformation sowie die Sensoren selbst. Für die berührungslose Werkstückabtastung und für die Roboterhandführung wurde jeweils ein Sensorsystem entwickelt und mit seinen Eigenschaften dargestellt. Die folgenden Kapitel 5 und 6 befassen sich mit den noch offenen Problemen der Bewegungsvorgabe (Leitvorschuberzeugung) bei sensorgeführter Programmierung und der automatischen Bahnspeicherung mit Datenreduktion während des Programmiervorganges.

5   Erzeugung der Leitbewegung für das Abtasten

Im Gegensatz zur handgeführten Roboterbewegung muß beim sensorgeführten Abtasten eine grobe Bewegungsvorgabe in Form einer Vorzugsrichtung erfolgen. Die sensorgeführte Bewegung setzt sich zusammen aus dem Leitvorschub und der Nachführbewegung aufgrund der vom Sensor gelieferten Daten. Der Leitvorschub ist vom Bediener vorzugeben. Dies geschieht ohne weiteren Aufwand, indem die herkömmliche Bewegungserzeugung der Robotersteuerung genutzt wird.

5.1   Leitbewegung für die Programmierung linienförmiger Bearbeitungsbahnen

Im einfachsten Fall genügt die Definition eines groben Anfangs- und Endpunktes der zu programmierenden Bahn durch den Bediener (z.B. im Einrichtbetrieb). Das dadurch entstandene Minimalprogramm wird während der Sensorführung abgefahren und von dieser überlagert (Bild 5.1).

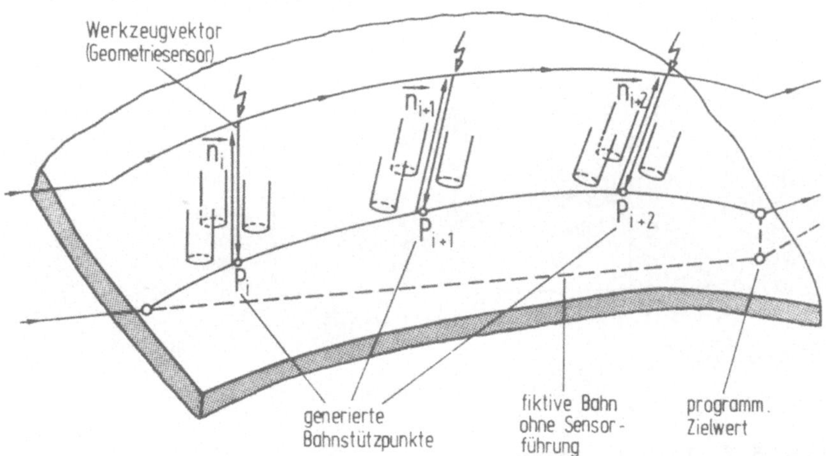

Bild 5.1: Bahnverhältnisse bei überlagerter Sensorführung

Der Anfangspunkt der zu programmierenden Bahn unterliegt der Forderung, daß er sich zumindest im Meßbereich des Sensors befindet; der Endpunkt kann aufgrund des Nachführens noch wesentlich ungenauer programmiert werden. Die Leitvorschuberzeugung erfolgt durch Linearinterpolation zwischen diesen beiden Punkten. Diese fiktive Linearbewegung wird durch Überlagerung der Sensordaten modifiziert, so daß die tatsächliche Bewegung der Werkstückgeometrie folgt.

Wie in Bild 5.1 zu erkennen, weicht in aller Regel die bei Sensorführung erreichte Endposition und -orientierung von den programmierten Zielwerten ab. Damit das Bewegungsprogramm trotzdem fortgesetzt wird, ist die Inpositionserkennung in der Robotersteuerung zu modifizieren. Man führt nach **Bild 5.2** die interpolierten Sollwerte in einer zweiten Sollwertliste getrennt mit. Hat der interpolierte Sollwert (Leitvorschub) die Zielwerte erreicht, so wird zum nächsten Programmschritt übergegangen.

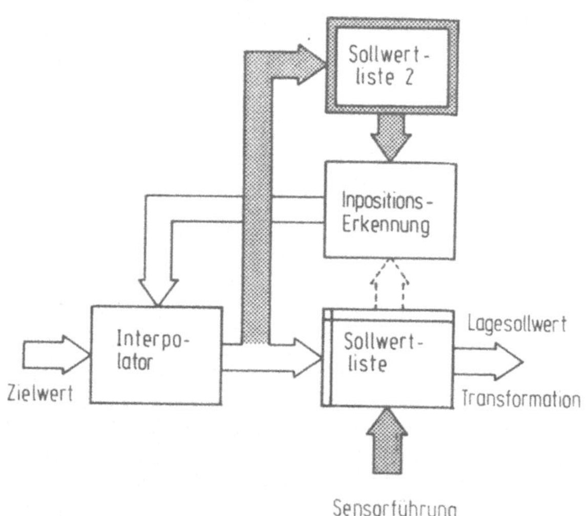

Bild 5.2: Inpositionserkennung bei Sensorführung

Für das Abtasten komplexer Geometrien sind mehrere Bahnabschnitte aneinanderzufügen, so daß sich für den Leitvorschub ein Polygonzug ergibt. Die Leitvorschubstützpunkte können dann insbesondere dazu dienen, Technologiedatenänderungen im Verlauf der Bahn zu programmieren (z.B. Ein- und Ausschalten von Werkzeugen).

5.2   Strategien für das Abtasten geschlossener Flächen

In einer Reihe von Anwendungsfällen sind Oberflächen großer Werkstücke flächendeckend zu bearbeiten /45/. Dies wird durch eine Vielzahl eng beieinanderliegender Bearbeitungslinien erreicht, so daß sich eine mäanderförmige Werkzeugbewegung über der Oberfläche ergibt (Bild 5.3).

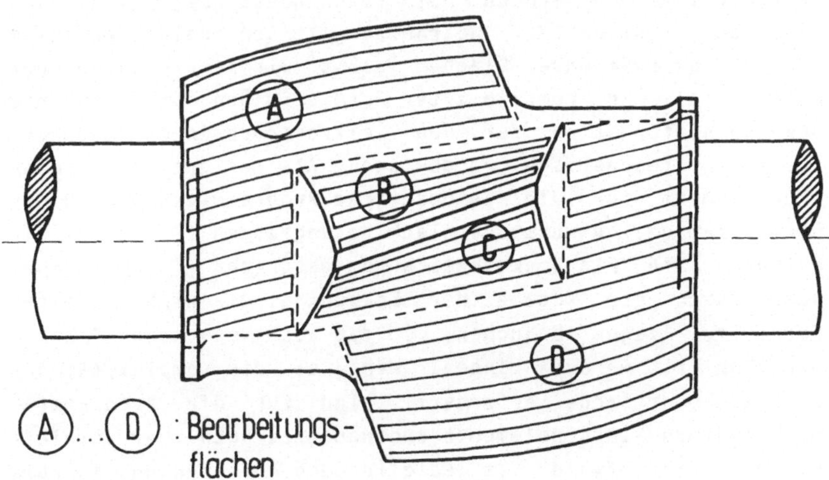

Bild 5.3: Bearbeitungslinien und Bereichseinteilung beim Auftragschweißen an einer Extruderwelle

Beispiele für solche Bearbeitungsaufgaben sind das Oberflächenbeschichten mit Klebstoffen, Lack oder ähnlichem, das Auftragschweißen, das der Oberflächenvergütung verschleißanfälliger Werkstücke dient, sowie das Schleifen räumlich gekrümmter Flächen bei Turbinenschaufeln oder Extruderwellen. Zum Erreichen sensorgeführter Programmiervorgänge ist eine mäanderförmige Leitbewegung vorzugeben. Das Programmieren der Leitvorschubstützpunkte durch den Bediener im Einrichtbetrieb ist hier zu aufwendig und daher weitgehend zu automatisieren. Ein Verfahren zur Erzeugung der Leitbewegung aus wenigen Vorgaben wird im folgenden angegeben.

5.2.1 Erzeugung des Leitvorschubs für die Abtastbewegung

Charakteristische Größen bei flächendeckender Bearbeitung sind der Abstand der Bearbeitungslinien zueinander sowie die zu bearbeitende Fläche selbst. Die Kennzeichnung der Fläche soll in komprimierter Form erfolgen, um daraus die Bewegungsinformation für den Leitvorschub in der Robotersteuerung rechnerisch zu gewinnen. Als geeignetes Flächengrundelement für die automatische Programmierung wird das unregelmäßige, gekrümmte Vieleck herangezogen (3 bis max. 10 Seiten). Die Flächenkennzeichnung geschieht mit wenig Aufwand durch die Angabe der Eckpunkte, die nicht in einer Ebene zu liegen brauchen, so daß auch verwundene Flächen programmiert werden können. Wenn es die Komplexität der Werkstückoberfläche erfordert, sind für die Programmierung mehrere Flächenelemente aneinanderzufügen. Der verbleibende Bedienaufwand ist lediglich das Anfahren und Abspeichern der Flächeneckpunkte im Einrichtbetrieb sowie die Angabe des Bahnabstandes für die Bearbeitung.

Bild 5.4 zeigt ein Beispiel für eine zu programmierende Fläche, aus Gründen der Anschaulichkeit in der Ebene dargestellt. Ausgehend von den 5 Eckpunkten und dem vorgegebenen

Abstand der Bearbeitungslinien, ist in der Robotersteuerung der mäanderähnliche Leitvorschub zu berechnen. Wie Bild 5.4 zu entnehmen ist, können die Umschaltpunkte P_{iL} für den Leitvorschub durch Interpolation auf den Verbindungsgeraden der Eckpunkte gewonnen werden, wenn die Größe b_i des auf die entsprechende Vieleckseite projizierten Bearbeitungsabstandes b bekannt ist. Die Bearbeitungsrichtung wird grundsätzlich parallel zur Verbindungslinie $\overline{P_1P_2}$ gewählt; der Einrichter hat damit die Möglichkeit, durch die Reihenfolge des Abspeicherns der Eckpunkte die Bearbeitungsrichtung parallel zu jeder der Vieleckseiten zu legen.

Zur Berechnung der projizierten Bearbeitungsabstände b_i wird zunächst aus den kartesischen Koordinaten X_i, Y_i, Z_i der Eckpunkte P_i die Länge d_{ij} der Verbindungsgeraden $\overline{P_iP_j}$ bestimmt. Unter Verwendung von d_{ij} werden die Richtungskosinus der Strecken $\overline{P_iP_j}$ bezogen auf das zugrunde liegende kartesische Koordinatensystem berechnet. Hiermit wiederum sind die von der Senkrechten zur Bearbeitungsrichtung und den Vieleckseiten eingeschlossenen Raumwinkel η_i zu ermitteln.

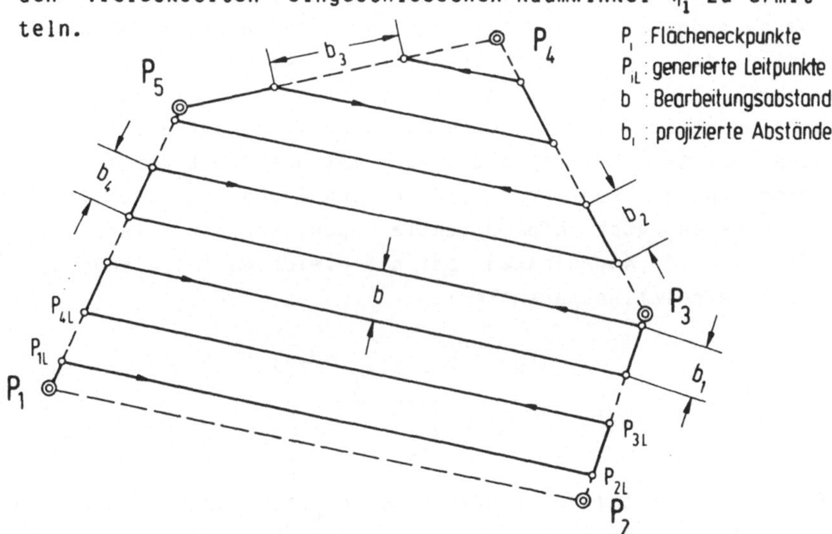

Bild 5.4: Leitbewegung beim Abtasten von Flächen

Man erhält:

$$\eta_i = \frac{(X_2-X_1)(X_j-X_i) + (Y_2-Y_1)(Y_j-Y_i) + (Z_2-Z_1)(Z_j-Z_i)}{d_{12} \; d_{ij}}$$

wobei $\quad d_{ij} = \sqrt{(X_j - X_i)^2 + (Y_j - Y_i)^2 + (Z_j - Z_i)^2}$.

Aus dem Bearbeitungsabstand b und den Winkeln η_i werden schließlich die auf die Vieleckseiten $\overline{P_iP_j}$ projizierten Bearbeitungsabstände b_i berechnet zu:

$$b_i = b \; / \; \sin \eta_i$$

Die Interpolation der Leitvorschubstützpunkte P_{iL} erfolgt durch Abtragen von b_i auf den zugehörigen Seiten. Begonnen wird bei P_1 durch Berechnung von P_{1L} im Abstand von 0,5 b_1 auf $\overline{P_1P_5}$ (Bild 5.4). Der halbe Bearbeitungsabstand im 1. Schritt wird gewählt, weil sich die Bearbeitungsbreite des Werkzeugs je zur Hälfte auf den beiden Seiten der zentralen Bearbeitungslinie abträgt. Im Anschluß daran sind sukzessive die weiteren Stützpunkte P_{iL} zu berechnen. Ist die Punktinterpolation auf einer Vieleckseite abgeschlossen, so wird eine ggf. verbleibende Reststrecke d_r auf die nachfolgende Seite übertragen und dort mit der Punktinterpolation fortgefahren. Zu interpolieren sind außer den kartesischen Koordinaten auch die Orientierungswinkel; stellvertretend für alle 6 Koordinaten sei die Gleichung für X angegeben (k: Interpolationsparameter):

$$X_k = X_i + \frac{(d_r + k \, b_i)(X_j - X_i)}{d_{ij}}$$

Die so ermittelten Stützpunkte P_{iL} sind im Anwenderspeicher der Robotersteuerung abzulegen und bilden das Ausgangsprogramm für den Sensorlauf.

5.2.2 Algorithmen für die Erkennung irregulärer Abtastflächen

Bei der automatischen Flächenprogrammierung können Fehler auftreten, die dazu führen, daß die erzeugten Leitvorschublinien nicht wie gefordert annähernd parallel und mit konstantem Bearbeitungsabstand b verlaufen. Die beiden wesentlichen Fehlerquellen sind:

a) geometrische Hinterschneidungen, die vom Einrichter nicht erkannt oder durch fehlerhafte Eckpunktvorgabe hervorgerufen worden sind,

b) sehr starke Flächenkrümmung, so daß der Bearbeitungsabstand im Flächeninnern eine Toleranzgrenze $b \pm b_{grenz}$ überschreitet.

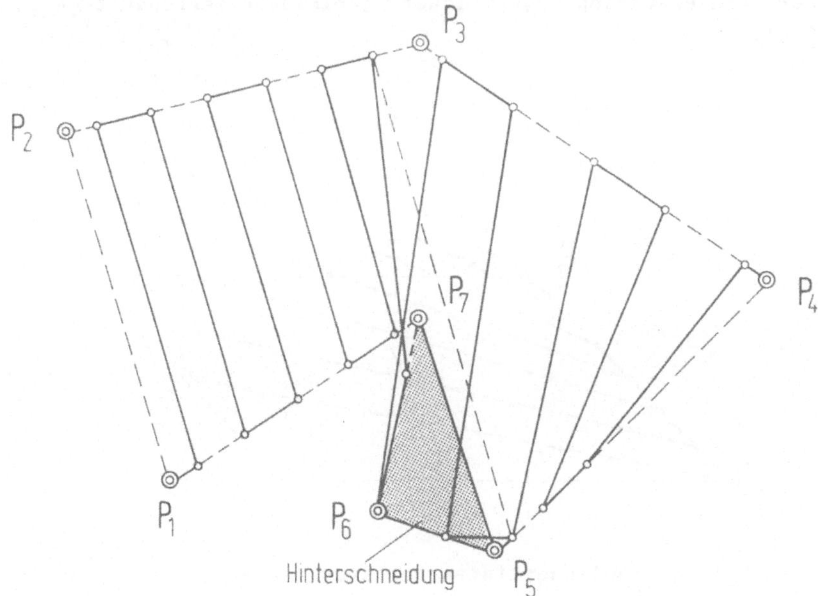

__Bild 5.5:__   Abtastfläche mit geometrischer Hinterschneidung

Bild 5.5 zeigt eine Fläche mit Hinterschneidung; sie entsteht grundsätzlich dann, wenn mit einer ununterbrochenen Mäanderbewegung nicht sämtliche Flächenteile abgedeckt werden können. Da somit die Fläche nicht in der gewünschten Weise bearbeitet wird, muß dieser Fall bei der Programmierung erkannt und zur Anzeige gebracht werden.

Zur Prüfung werden die Leitvorschublinien wie in Kap 5.2.1 dargestellt berechnet; es resultieren im Bereich von Hinterschneidungen nichtparallele Linien (Bild 5.5), die als Fehlerkriterium herangezogen werden.

Die Erzeugung der Leitvorschubstützpunkte erfolgt dergestalt, daß die Bearbeitungslinien dort, wo sie auf die Vieleckseiten treffen, räumlich den Bearbeitungsabstand b einhalten. Bei gekrümmten Flächen führt dies dazu, daß sich der Linienabstand b_d im Innern der Fläche verringert (**Bild 5.6**).

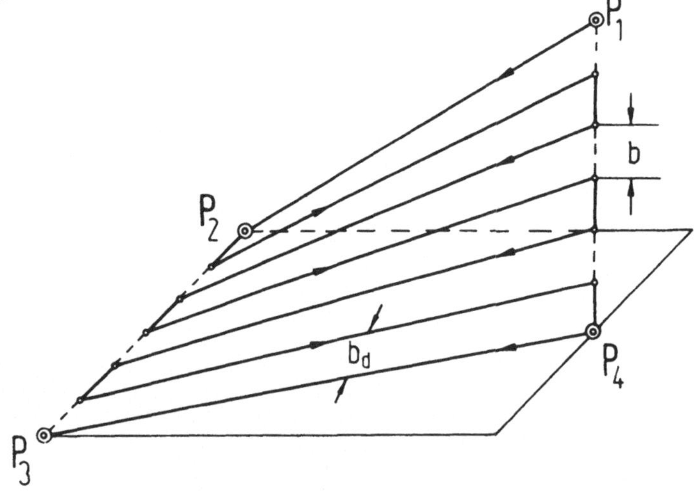

Bild 5.6: Bearbeitungslinien bei stark verwundener Fläche

Im Flächeninnern ist somit die Dichte der Bearbeitungslinien pro Flächeneinheit zu groß, was bei der Bearbeitung
beispielsweise eine Materialanhäufung an den entsprechenden
Stellen zur Folge hat. Dies kann nur in gewissen Grenzen
(z.B. $\pm$ 10 %) toleriert werden, eine Überschreitung muß
erkannt und angezeigt werden.

Die beiden Problemfälle a) und b) werden gemeinsam abge-
prüft. Relevante Größen sind dabei die "Parallelität" der
Bearbeitungslinien, d.h. der Raumwinkel, unter dem be-
nachbarte Linien verlaufen, sowie ihr kürzester räumlicher
Abstand b_d. Seien P_{i1L}, P_{i2L}, P_{j1L} und P_{j2L} Punkte, die
zwei zu prüfende Linien definieren, so erhält man mit den
Abkürzungen

$$l_i = X_{i2} - X_{i1} \; , \quad m_i = Y_{i2} - Y_{i1} \; , \quad n_i = Z_{i2} - Z_{i1} \; ,$$

$$d_i = \sqrt{l_i^2 + m_i^2 + n_i^2}$$

den Raumwinkel

$$\rho_i = \arccos \frac{(l_i \, l_j + m_i \, m_j + n_i \, n_j)}{d_i \, d_j}$$

und als Fehlerkriterium $\rho_i > \rho_{grenz}$.

Wird ausreichende Parallelität festgestellt, so ist zusätzlich der kürzeste Abstand zwischen beiden Linien innerhalb
der Bearbeitungsfläche zu berechnen, da Parallelität allein
kein hinreichendes Kriterium für das Fehlen von Hinterschneidungen ist. Dies wird am Beispiel der in <u>Bild 5.7</u> dargestellten Fläche deutlich. Somit erhält man als zweites
Fehlerkriterium:

$$b_d > k_{grenz} \, b \qquad \text{mit } k_{grenz} < 1.$$

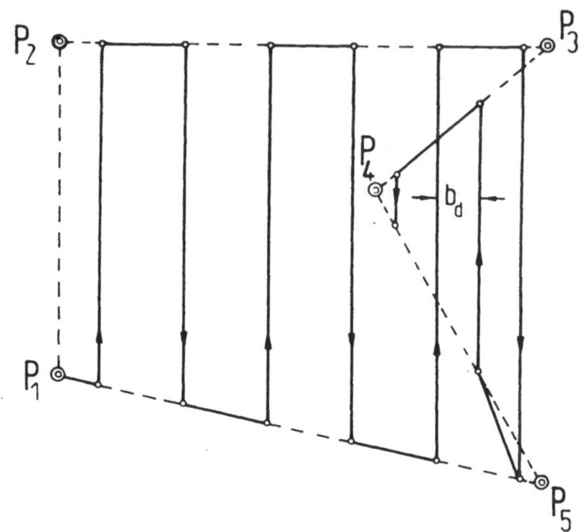

Bild 5.7: Spezialfall einer Hinterschneidung

Im Fehlerfall muß der automatische Programmiervorgang abge-
brochen und der Bediener über eine Meldung veranlaßt werden,
die Flächeneckpunkte zu überprüfen.

Für den Fall, daß weder zu starke Krümmung noch Hinterschneidungen aufgetreten sind, werden die berechneten Leitvorschubstützpunkte P_{iL} im Anwenderprogrammspeicher abgelegt.

5.2.3 Sensorgeführte Bestimmung der Flächenbegrenzung

In den vorausgehenden Abschnitten wurde davon ausgegangen,
daß einmal definierte Bearbeitungsflächen auch bei einer
Serie gleicher Werkstücke zumindest in ihrer seitlichen
Begrenzung erhalten bleiben. Diese Annahme ist in vielen
Fällen gerechtfertigt. Wo dies nicht der Fall ist, muß
entweder eine manuelle Nachkorrektur (ungünstig) oder eine
sensorgeführte Bestimmung der Flächeneckpunkte erfolgen.

Problematischer als ein Werkstückversatz, der auch über statische Programmkorrekturen berücksichtigt werden kann, sind dabei Werkstücktoleranzen, die zu einer Vergrößerung oder Verkleinerung der zu programmierenden Fläche selbst führen.

Grundsätzlich ist die Aufgabe der sensorgeführten Flächenbestimmung bereits bei Bildverarbeitungssystemen mit Konturextraktion gelöst (z.B. /46/). Mit dem im Rahmen dieser Arbeit entwickelten Geometriesensor lassen sich auch hier in vielen Fällen befriedigende Ergebnisse erzielen, wenn vor dem eigentlichen Sensorlauf ein Meßprogramm zur Eckpunktbestimmung eingefügt wird. Vorteilhaft ist hierbei, daß kein zusätzlicher gerätetechnischer Aufwand erforderlich ist. Vorausgesetzt wird, daß die Bearbeitungsflächen ausgeprägte Begrenzungen (z.B. Kanten) aufweisen. <u>Bild 5.8</u> erläutert am Beispiel einer Extruderwelle wie vorzugehen ist.

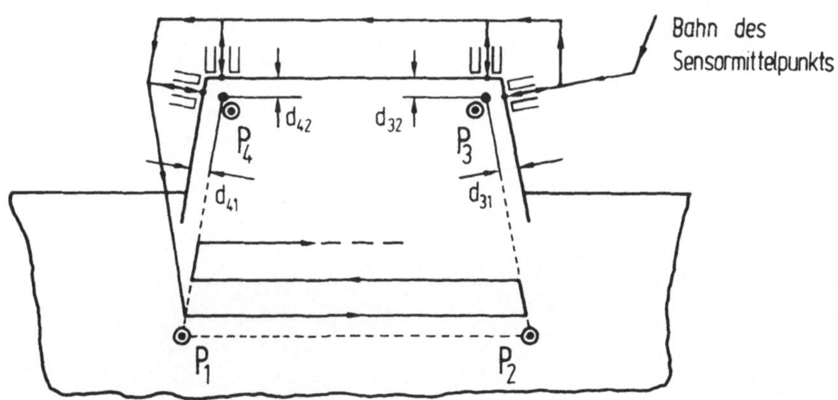

⊙   programmierte Eckpunkte
●   durch Kantenerkennung gefundene Eckpunkte

<u>Bild 5.8:</u> Bewegungsablauf beim Kantensuchen

Die äußeren Eckpunkte am Wellenflügel seien sensorgeführt zu bestimmen. Dazu werden die begrenzenden Kanten mit dem Geometriesensor und aktivierter Sensorregelung angetastet. Durch Addition der einzuhaltenden Abstände d_{i_1} bzw. d_{i_2} von der jeweiligen Kante und Transformation der erreichten Position von Sensor- in Raumkoordinaten ergeben sich korrigierte Koordinatenwerte für die Flächeneckpunkte P_3 und P_4.

Nach der Eckpunktbestimmung werden die Leitvorschubstützpunkte wie dargestellt berechnet. Während des sensorgeführten Programmierlaufs erzeugt die Robotersteuerung den Leitvorschub durch Abfahren der Stützpunkte in der Betriebsart Linearinterpolation. Gleichzeitig ist der Geometriesensor zu aktivieren, so daß sich aus Leit- und Nachführbewegung eine Abtastung des Werkstücks in mäanderförmigen Bahnen ergibt. Zusammen mit der im folgenden konzipierten Bahnspeicherung und Datenreduktion erhält man einen automatischen Programmiervorgang.

6 Automatische Programmerzeugung

Während des Programmierlaufs wird der Industrieroboter durch den Geometriesensor bzw. das Handführgerät entlang der zu programmierenden Werkstückgeometrie geführt. Simultan zur Bewegung muß die gefahrene Bahn gespeichert und zu einem Bewegungsprogramm aufbereitet werden. Die gewonnenen Bahndaten sind auf ein für gegebene Programmiergenauigkeit erforderliches Minimum zu reduzieren, so daß zur Speicherung des Bewegungsprogramms nur wenig Speicherplatz notwendig ist.

6.1 Speicherung der Bahn

Automatische Bahnspeicherung ist bislang bei der Play-back-Programmierung von Industrierobotern anzutreffen. Dort werden Achskoordinaten in einem festen Zeitraster eingelesen und gespeichert /7/. Das zeittaktgebundene Erzeugen von Bahnstützpunkten hat folgende Nachteile:

- Abhängigkeit der räumlichen Stützpunktdichte und damit der Bahngenauigkeit von der Programmiergeschwindigkeit,

- hohe Punktentstehungsrate auch bei kleinen Programmiergeschwindigkeiten bis hin zum Stillstand, dadurch gleichbleibend hohe Rechnerbelastung.

Die genannten Nachteile werden umgangen, wenn Bahnstützpunkte im festen räumlichen Abstand d_{pgrenz} abgespeichert werden. Dieser Wert muß vom Bediener voreingestellt werden und ist so zu wählen, daß die abgetastete Geometrie auch im Bereich kleiner Radien oder starker Knicke noch genügend genau programmiert wird. Bei kleinstem auftretendem Bahnradius r_{min} und geforderter maximaler Bahnabweichung ε ist dies der Fall, wenn folgende Bedingung eingehalten wird (**Bild 6.1**):

$$d_{pgrenz} < 2 \sqrt{2\varepsilon\, r_{min} - \varepsilon^2} \qquad (6.1)$$

Bei Knicken im Bahnverlauf mit dem Knickwinkel λ lautet die entsprechende Bedingung:

$$d_{pgrenz} < 2\,\varepsilon\, \tan(\lambda/2) \qquad (6.2)$$

In jedem Interpolationstakt wird der Abstand zum vorausgehenden Stützpunkt (X_p, Y_p, Z_p) berechnet:

$$d_p = \sqrt{(X - X_p)^2 + (Y - Y_p)^2 + (Z - Z_p)^2}$$

Wird $d_p > d_{pgrenz}$, so erfolgt die Generierung eines Stützpunktes. Unabhängig von d_p geschieht dies außerdem am Anfang und Ende der zu programmierenden Bahn sowie bei mehreren Bahnabschnitten auch an den Leitvorschubstützpunkten. Bei der Punktgenerierung wird die erreichte Roboterposition über die Wegmeßsysteme der einzelnen Achsen abgefragt und diese Werte in das kartesische Koordinatensystem transformiert. Der so erhaltene Datensatz stellt die kartesischen Koordinaten eines Oberflächenpunktes, erweitert um die zugehörigen Orientierungswinkel dar. Infolgedessen ist er ein Stützpunkt der zu erzeugenden Bahn. Das endgültige Bewegungsprogramm entsteht durch Reduktion der generierten Stützpunktfolge.

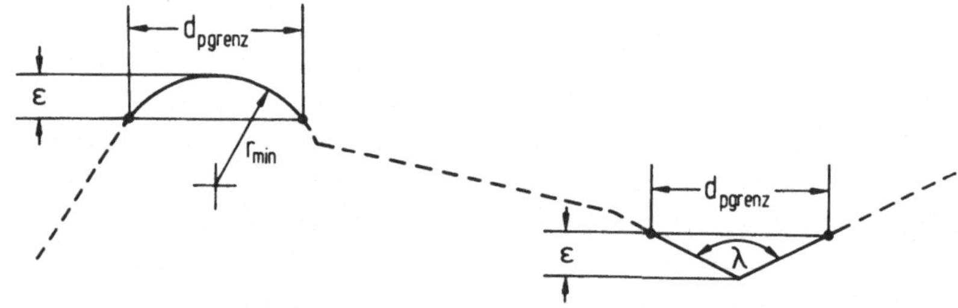

<u>Bild 6.1</u>: Festlegung der Bahnstützpunktdichte aufgrund von Segment- und Knickbedingung

6.2 <u>Datenreduktion bei Linearinterpolation</u>

Die bei der automatischen Bahnspeicherung erzeugte dichte Stützpunktfolge ist bei längeren Bewegungabläufen sehr umfangreich. Dies hat zur Folge, daß zur Speicherung auf Massenspeicher ausgewichen werden müßte. Da dann nicht mehr alle Programme bzw. Programmteile im Steuerungsspeicher resident sind, muß ein Nachladen erfolgen, was zu Verzögerungen im Bearbeitungsablauf führt.

Auch steuerungsintern hat eine zu hohe Stützpunktdichte Nachteile. Für jeden Punkt muß die Interpolationsvorbereitung durchlaufen werden. Die dafür erforderliche Rechenzeit legt die minimale Punktfolgezeit fest. Unter Berücksichtigung des räumlichen Punktabstandes ergibt sich daraus die maximale Vorschubgeschwindigkeit. Soll diese überschritten werden, so tritt Stop-/Go-Betrieb ein, d.h. die Bewegung muß unterbrochen werden, um das Ende der Interpolationsvorbereitung abzuwarten.

Der Grundgedanke der Datenreduktion ist, nur diejenigen Stützpunkte in das Bewegungsprogramm zu übernehmen, die innerhalb einer geforderten Bearbeitungstoleranz die Bahn ausreichend kennzeichnen. Dazu werden Bahnabschnitte durch Geradenstücke ersetzt, soweit dies im Einklang mit der größten zulässigen Bahn- und Orientierungstoleranz steht. Entsprechend sind bei der Reduktion sowohl Bahn- als auch Orientierungsabweichungen zu berücksichtigen. Die Datenreduktion ist on-line simultan zum Programmiervorgang durchzuführen, da nur auf diese Weise das Aussieben und Löschen von Bahnpunkten ohne Zwischenspeicherung großer Punktmengen erfolgen kann. Demzufolge wird der Speicherplatzbedarf der Bewegungsprogramme bereits während der Programmierung reduziert.

Die bei Play-back-Steuerungen bislang unternommenen Versuche zur Datenreduktion /47/ beziehen sich auf Achskoordinaten und sind für in kartesischen Raumkoordinaten vorliegende Bewegungsbahnen nicht geeignet. Bei Off-line-Programmiersystemen für Werkzeugmaschinen wurden bereits Reduktionsverfahren für Stützpunktfolgen mit 3 Koordinaten realisiert /48/. Diese Verfahren wurden in /6/ erstmals auf Roboterprogramme angewendet, ohne jedoch die für Bearbeitungsroboter notwendige Erweiterung auf 6 Koordinaten zu vollziehen und die Reduktionsalgorithmen für On-line-Abarbeitung zu konzipieren.

Zusätzlich zu den geometrischen Reduktionsbedingungen sind technologische Daten im Bahnverlauf zu berücksichtigen (z.B. Ein-/Ausschalten eines Schweißbrenners). Da dies an definierten Stellen zu erfolgen hat, ist dort zwingend ein Stützpunkt in das Bewegungsprogramm zu übernehmen. Das Überschreiten des Bahn- und Winkeltoleranzbereichs sowie eine Änderung der Technologiedaten treten unabhängig voneinander auf. Wird bei der Prüfung eines Bahnpunktes die Verletzung mindestens einer der drei Toleranzbedingungen festgestellt, so muß ein Stützpunkt in das Bearbeitungsprogramm übernommen werden.

6.2.1 Reduktionskriterium Bahntoleranz

Wird eine Folge von Bahnstützpunkten durch ein Geradenstück (Linearinterpolation zwischen Anfangs- und Endpunkt) ersetzt, so ist die maximal zulässige Bahnabweichung durch einen Toleranzschlauch beschrieben, der um diese Punkte gelegt wird (Bild 6.2). Liegen sämtliche Punkte der Folge innerhalb des Toleranzschlauches, so ist die Linearisierung dieses Bahnabschnitts zulässig.

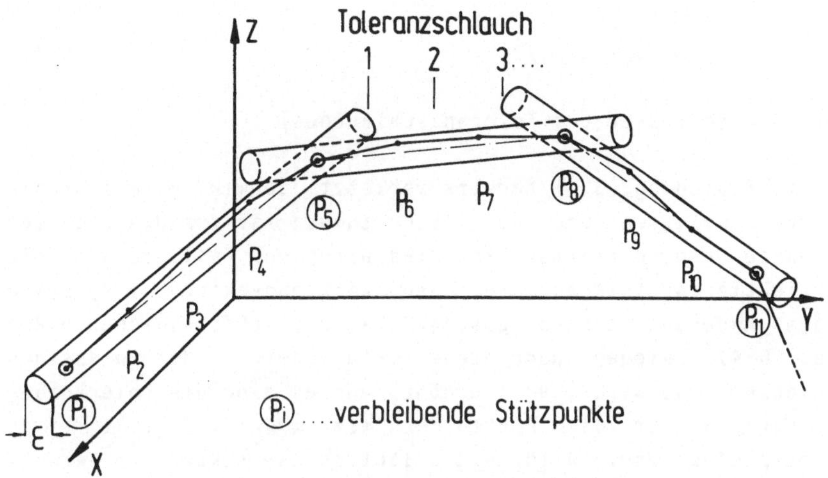

<u>Bild 6.2:</u> Bahntoleranz bei der Datenreduktion (nach /48/)

Der Reduktionsalgorithmus (Überprüfen der Toleranzbedingung) läuft an, sobald während der automatischen Bahnspeicherung die ersten drei Stützpunkte entstanden sind (P_i, P_k,
P_l mit i = 1, k = 2, l = 3). Dabei wird der Abstand des
Punktes P_k zur Verbindungslinie $\overline{P_i P_l}$ ermittelt. Er berechnet sich zu

$$d_k = \sqrt{(A^2 + B^2 + C^2) / N} \qquad (6.3)$$

wobei:

$$A = (X_k - X_i)(Y_l - Y_i) - (Y_k - Y_i)(X_l - X_i)$$

$$B = (Y_k - Y_i)(Z_l - Z_i) - (Z_k - Z_i)(Y_l - Y_i)$$

$$C = (Z_k - Z_i)(X_l - X_i) - (X_k - X_i)(Z_l - Z_i)$$

$$N = (X_l - X_i)^2 + (Y_l - Y_i)^2 + (Z_l - Z_i)^2$$

Die Toleranzbedingung lautet entsprechend:

$$d_k \; < \; \varepsilon/2 \qquad\qquad (6.4)$$

(ε : Durchmesser des Toleranzschlauches)

Ist Bedingung (6.4) bereits verletzt, so wird P_k als Stützpunkt belassen und der Algorithmus ist für die nächsten Punkte neu zu starten. Ist dies nicht der Fall, so wird die Orientierungstoleranz für den Werkzeugvektor bei P_k sowie die Änderung technologischer Daten geprüft (Abschn. 6.2.2 u. 6.4). Liegen auch diese Werte innerhalb der zulässigen Grenzen, so wird l um 1 erhöht, und es sind die Toleranzbedingungen für die Punkte P_k mit k = i + 1 ... l - 1 zu überprüfen usw. __Bild 6.3__ erläutert die sukzessive Berechnung der Bahnabweichungen in den Stützpunkten.

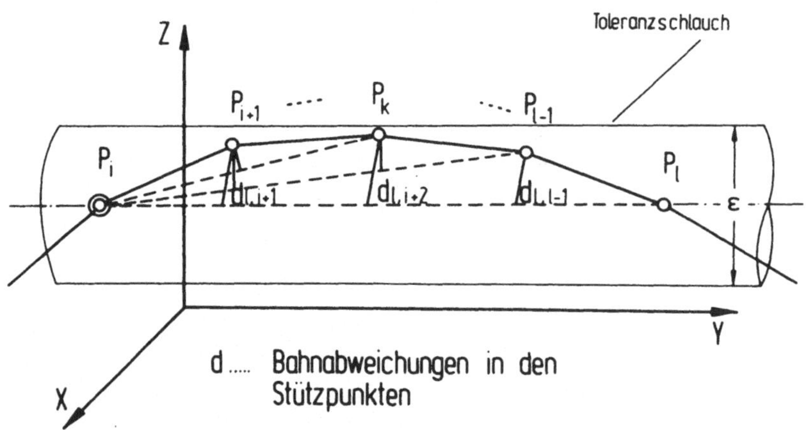

__Bild 6.3__ Schrittweises Überprüfen der Toleranzbedingung für die kartesischen Koordinaten der Bahnstützpunkte

Ist mindestens eines der drei Toleranzkriterien verletzt, so ist P_{1-1} als Stützpunkt in das Roboterbewegungsprogramm zu übernehmen, da in Bezug auf P_{1-1} noch sämtliche Zwischenpunkte die Toleranzkriterien erfüllen. Die Punkte P_{i+1} ... P_{1-2} können als nicht benötigte Bahnstützpunkte gelöscht werden. Damit ist die Linearisierung dieses Bahnabschnitts abgeschlossen und der Reduktionsalgorithmus wird für die sich anschließenden Bahnpunkte neu gestartet.

6.2.2 Reduktionskriterium Orientierungstoleranz

Die maximal zulässige Orientierungsabweichung wird beschrieben durch Toleranzkegel um die Achsen des Werkzeug- bzw. Sensorkoordinatensystems. Aus Darstellungsgründen seien zunächst Industrieroboter mit 5 Freiheitsgraden betrachtet (Bild 6.4). Dort legen die verbleibenden Raumwinkel U und V die Orientierung des Werkzeugvektors fest.

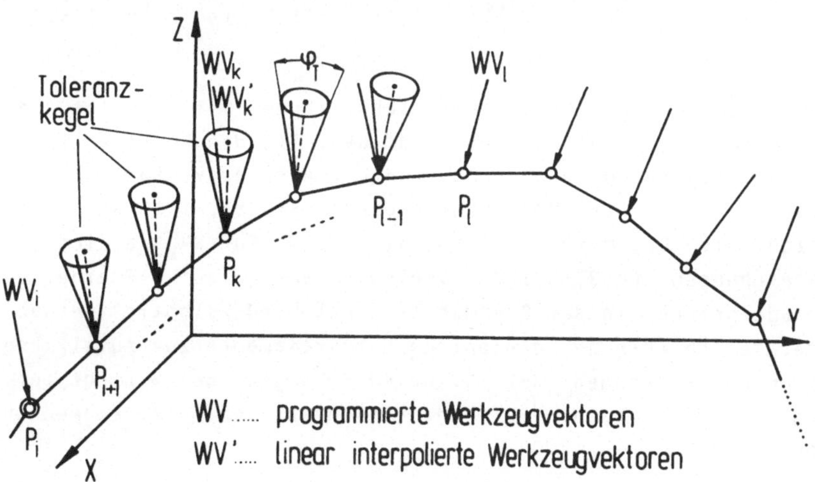

Bild 6.4: Ermittlung der Orientierungsabweichungen bei der Datenreduktion /45/

Zur Ermittlung der Toleranzbedingung werden wieder drei Bahnpunkte P_i, P_k, P_l bzw. die zugehörigen Werkzeugvektoren WV_i, WV_k, WV_l herangezogen. Es ist zu prüfen, ob WV_k innerhalb des Toleranzkegels um jenen Werkzeugvektor liegt, der sich bei Linearbewegung zwischen P_i und P_l an der Stelle P_k ergibt (Bild 6.4). Dazu sind zunächst die Orientierungswinkel U_k' und V_k' dieses Vektors aus den Werten U_i, V_i und U_l, V_l linear zu interpolieren.
Man erhält:

$$U_k' = U_i + \sqrt{\frac{D}{E}} \ (U_l - U_i)$$

$$V_k' = V_i + \sqrt{\frac{D}{E}} \ (V_l - V_i) \tag{6.5}$$

wobei $\quad D = (X_k - X_i)^2 + (Y_k - Y_i)^2 + (Z_k - Z_i)^2$

und $\quad E = (X_l - X_i)^2 + (Y_l - Y_i)^2 + (Z_l - Z_i)^2$.

Die auftretende Orientierungsabweichung bei P_k ist der Raumwinkel φ_k zwischen WV_k' und WV_k. Ist das Werkzeug so an der Roboterhand angebracht, daß der Werkzeugvektor parallel zur Z-Achse des Werkzeugkoordinatensystems ist, so lassen sich die Drehmatrizen $\underline{D}$ für WV_k und $\underline{D}'$ für WV_k' analog den Gleichungen (4.3) bilden. Die Beschränkung auf 5 Freiheitsgrade braucht in der Drehmatrix nicht berücksichtigt werden, da hier ohnehin nur diejenigen Matrixelemente zur Auswirkung kommen, in denen der 3. Orientierungswinkel W nicht enthalten ist. Nach /36/ ergibt sich aus den Matrixelementen D_{ij}

$$\cos \varphi_k = D_{13} \, D_{13}' + D_{23} \, D_{23}' + D_{33} \, D_{33}'$$

bzw. unter Berücksichtigung der Gleichungen (4.3):

$$\cos \varphi_k = \sin U_k \ \cos V_k \ \sin U_k' \ \cos V_k' +$$
$$+ \sin V_k \ \sin V_k' +$$
$$+ \cos U_k \ \cos V_k \ \cos U_k' \ \cos V_k'. \qquad (6.6)$$

Wird mit φ_T der Öffnungswinkel des Toleranzkegels um den Werkzeugvektor bezeichnet, so lautet das Toleranzkriterium für die Orientierung:

$$\varphi_k < 0.5 \, \varphi_T \qquad\qquad (6.7)$$

Bei Industrierobotern mit 6 Freiheitsgraden wird die Werkzeugorientierung durch die 3 Drehwinkel U,V,W des Werkzeugkoordinatensystems gegenüber Raumkoordinaten beschrieben. Jede der Werkzeugkoordinatenachsen kann für sich das Toleranzkriterium verletzen, auch wenn die Abweichungen der beiden anderen Achsen noch tolerierbar sind. Daher sind in diesem Fall 3 Toleranzkegel erforderlich (<u>Bild 6.5</u>).

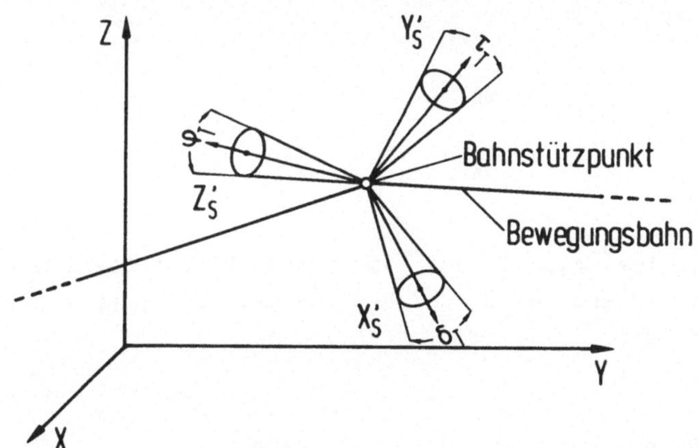

<u>Bild 6.5:</u> Toleranzkegel bei Robotern mit 6 Freiheitsgraden

Zusätzlich zu Gleichung (6.6) werden für die X- und Y-Achse des Werkzeugkoordinatensystems die Raumwinkel zwischen den interpolierten und tatsächlichen Achsstellungen berechnet.

Man erhält die Gleichungen (6.8):

$$\cos \delta_k = (\cos U_k \cos W_k + \sin U_k \sin V_k \sin W_k)$$
$$(\cos U_k{'} \cos W_k{'} + \sin U_k{'} \sin V_k{'} \sin W_k{'}) +$$
$$+ \cos V_k \sin W_k \cos V_k{'} \sin W_k{'} +$$
$$+ (-\sin U_k \cos W_k + \cos U_k \sin V_k \sin W_k)$$
$$(-\sin U_k{'} \cos W_k{'} + \cos U_k{'} \sin V_k{'} \sin W_k{'})$$

$$\cos \tau_k = (-\cos U_k \sin W_k + \sin U_k \sin V_k \cos W_k)$$
$$(-\cos U_k{'} \sin W_k{'} + \sin U_k{'} \sin V_k{'} \cos W_k{'}) +$$
$$+ \cos V_k \cos W_k \cos V_k{'} \cos W_k{'} +$$
$$+ (\sin U_k \sin W_k + \cos U_k \sin V_k \cos W_k)$$
$$(\sin U_k{'} \sin W_k{'} + \cos U_k{'} \sin V_k{'} \cos W_k{'})$$

Zur Bedingung (6.7) kommen dann zwei weitere Toleranzkriterien hinzu:

$$\delta_k < 0.5 \, \delta_T \qquad (6.9)$$

$$\tau_k < 0.5 \, \tau_T \qquad (6.10)$$

Die Orientierungstoleranz am Punkt P_k ist überschritten, wenn mindestens eine der Bedingungen (6.7), (6.9), (6.10) verletzt ist.

6.3 Datenreduktion und nichtlineare Interpolationsverfahren

Bei der Bahnspeicherung und Datenreduktion nach Abschn. 6.1 und 6.2 wird die Werkstückgeometrie mit vorgegebener Genauigkeit programmiert, indem der Bahnverlauf durch einen Polygonzug angenähert wird. Dadurch erhält man bei Bahnabschnitten geringer Krümmung eine niedere Stützpunktdichte und bei stark gekrümmten Abschnitten folglich hohe Stützpunktdichten. Hier liegt der Gedanke nahe, auch bei stark gekrümmten Bahnabschnitten einen höheren Reduktionsfaktor durch automatisches Umschalten auf nichtlineare Interpolationsverfahren (z.B. Zirkular- oder Spline-Interpolation) zu erzielen. Voraussetzung ist, daß die entsprechenden Interpolationsarten für 6 Koordinaten ohne Einschränkung in der Robotersteuerung implementiert sind. Da bei nichtlinearer Interpolation pro Bahnabschnitt 3 und mehr Stützpunkte erforderlich sind und gegenüber Linearinterpolation mehr Rechenzeit benötigt wird, ist ein Einsatz nur dann sinnvoll, wenn mehr als 2 Linearabschnitte ersetzt werden können.

Um nach wie vor eine definierte Programmiergenauigkeit zu gewährleisten, sind Bahn- und Orientierungsabweichungen auch bei nichtlinearer Interpolation zu berechnen. Dies führt beispielsweise zu beliebig im Raum liegenden kreisförmigen oder splineförmigen Toleranzschläuchen und entsprechenden Toleranzkegeln. In /49/ wurde das Vorgehen bei der Ermittlung der Bahnabweichungen (3 Koordinaten) bei Zirkularinterpolation angegeben. Die zugehörigen Gleichungen und eine Erweiterung des Verfahrens auf 6 Koordinaten führen zu umfangreichen Algorithmen, die einer On-line-Abarbeitung während der automatischen Bahnspeicherung entgegenstehen. Bei Spline-Interpolation ist bereits das Problem der Bahnabweichungen nicht mehr geschlossen lösbar, so daß auf Iterationsverfahren ausgewichen werden müßte (Problem der Berechnung des räumlich kürzesten Punktabstandes zu einem Polynom höherer Ordnung).

Aus den genannten Gründen wird auf eine automatische Auswahl nichtlinearer Interpolationsarten und zugehöriger Stützpunkte verzichtet und im folgenden ein Verfahren angegeben, das bei wesentlich geringerem steuerungstechnischem Aufwand zum Erfolg führt.

Auch bei automatisch gespeicherten Bewegungsbahnen lassen
sich Bahnabschnitte mit Zirkular- oder Spline-Interpolation
realisieren, wenn im entsprechenden Abschnitt bereits die
Leitvorschuberzeugung während des Sensorlaufs in der gewünschten Interpolationsart erfolgt und diese bei der Bahnspeicherung übernommen wird. Der Bediener hat dabei nach
<u>Bild 6.6</u> zusätzliche Leitvorschubstützpunkte zu definieren
und die Interpolationsart vorzugeben. Während des sensorgeführten Programmierlaufs wird das Erzeugen einer dichten
Stützpunktfolge unterbunden und lediglich anstelle der Leitvorschubstützpunkte die aktuelle Roboterposition abgespeichert. Demnach ergibt sich für die nichtlinearen Bahnabschnitte die gleiche Anzahl, jedoch durch Sensorführung
bestimmter Bahnstützpunkte (Bild 6.6).

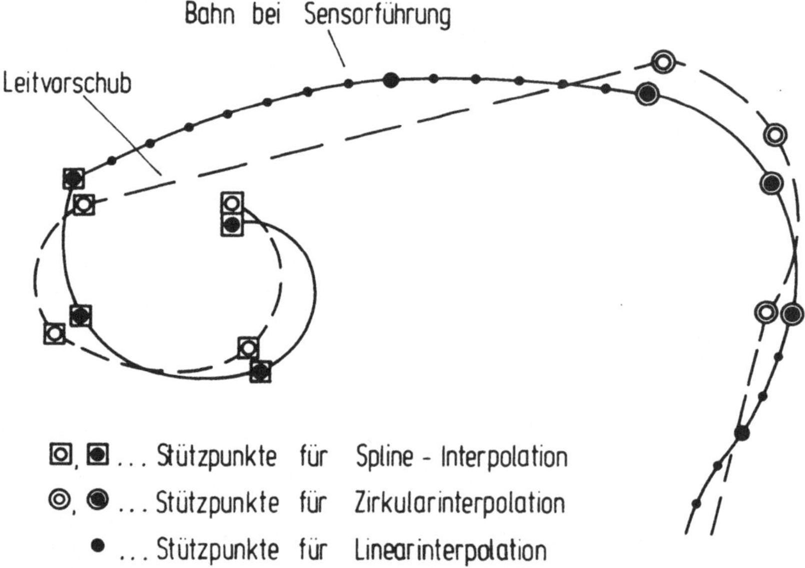

<u>Bild 6.6:</u> Bahnspeicherung und Datenreduktion bei Bahnab-
schnitten mit unterschiedlichen Interpolationsarten

Für den Einsatz bei handgeführter Programmierung ist das Vorgehen zu modifizieren, da dort steuerungsintern kein Leitvorschub erzeugt wird. Das Einstellen der Interpolationsart und Auslösen der Stützpunktübernahme muß über externe Bedienelemente (Funktionstasten) vollzogen werden, die am Handführgerät anzubringen sind.

6.4   Einfluß von Technologieinformation

Für Bearbeitungsvorgänge sind bei der Datenreduktion zusätzlich zum Bahnverlauf technologische Daten entlang der Bahn zu berücksichtigen, wie z.B. Ein- und Ausschalten von Werkzeugen oder Vorgabe von Schweißparametern. Diese Daten werden als Zusatzinformation zu den Stützpunktkoordinaten gespeichert. __Bild 6.7__ verdeutlicht den Sachverhalt beispielhaft. Ein Bearbeitungswerkzeug soll bei Eintritt in die Bahnabschnitte mit den Zielpunkten P_k, P_1, P_m usw. ein- bzw. ausgeschaltet werden.

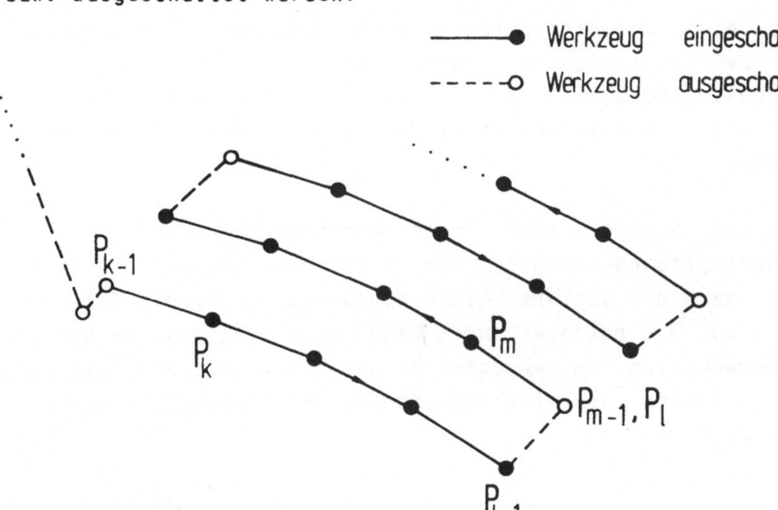

__Bild 6.7:__ Bearbeitungsbahn mit Technologiedatenänderung

Bei Änderung der Technologiedaten muß der zugehörige Stützpunkt in das Bearbeitungsprogramm aufgenommen werden, auch
wenn Bahn- und Orientierungstoleranz noch nicht überschritten sind. Zur Prüfung des Reduktionskriteriums wird eine
Technologiefunktion $T(i)$ mit $1 \leq i \leq n$ gebildet, wobei i
die laufende Stützpunktnummer darstellt. Bei Toleranzprü-
fung eines Stützpunktes P_k während der Datenreduktion ist
zusätzlich zu überprüfen

$$T(k-1) = T(k). \qquad (6.11)$$

Ist (6.11) nicht erfüllt, so ist ein Reduktionskriterium
verletzt, und es wird wie bei der Überschreitung der Toleranzkriterien der Punkt P_{k-1} mit den zugehörigen Technologiedaten als Bahnstützpunkt abgespeichert.

6.5 <u>Datenreduktion und Bahngeschwindigkeit</u>

Wird ein durch Bahnspeicherung und Datenreduktion generier-
tes Bewegungsprogramm abgefahren, so ist die resultierende
Bahngeschwindigkeit v_B konstant vorprogrammierbar und damit
von der Geschwindigkeit während des Programmierlaufs unabhängig.

Ist bei handgeführter Programmierung gefordert, daß aus
technologischen Gründen die Führgeschwindigkeit des Bedieners auch die spätere Bearbeitungsgeschwindigkeit festlegt,
so sind die entsprechenden Daten abzuspeichern und bei der
Datenreduktion zu berücksichtigen. Zunächst wird die seit
dem Erzeugen des letzten Stützpunktes verstrichene Zeit
berechnet zu

$$t_p = k \, T \qquad (k: \text{Anzahl der Abtastzyklen}).$$

Mit dem Punktabstand

$$d_{ij} = \sqrt{(X_j - X_i)^2 + (Y_j - Y_i)^2 + (Z_j - Z_i)^2}$$

erhält man für den Bahnabschnitt zwischen P_i und P_j (<u>Bild 6.8</u>) die Bahngeschwindigkeit

$$v_{Bj} = d_{ij} \, / \, t_p. \tag{6.12}$$

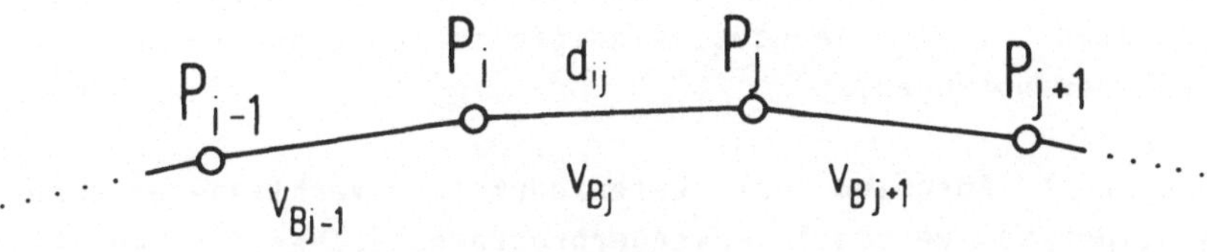

<u>Bild 6.8:</u> Bahngeschwindigkeitsänderung im Bahnverlauf

Bei der Stützpunkterzeugung wird v_{Bj} als Zusatzinformation zu den Geometriedaten gespeichert und bei der Datenreduktion ein weiteres Toleranzkriterium aufgestellt:

$$|v_{Bj} - v_{Bj-1}| \; < \; v_{BT} \tag{6.13}$$

Bedingung (6.13) besagt, daß ein Stützpunkt mit Geschwindigkeitsangabe in das Bewegungsprogramm übernommen werden muß, wenn die Bahngeschwindigkeitsänderung eine vorgegebene Toleranzgeschwindigkeit v_{BT} überschreitet.

Zusammenfassung

Bei der automatischen Programmerzeugung wird die zu speichernde Bahn durch eine im festen räumlichen Abstand erzeugte Stützpunktfolge repräsentiert. Durch On-line-Datenreduktion wird eine für gegebene Anforderungen minimale Stützpunktzahl erreicht. Für das Aussieben nicht benötigter Bahnstützpunkte wurden Reduktionskriterien und Algorithmen zu deren Berechnung konzipiert. Neben den geometrischen Kriterien Bahn- und Orientierungstoleranz wurden Technologiedaten- sowie Bahngeschwindigkeitsänderungen im Bahnverlauf herangezogen.

Die nach Abschluß der Datenreduktion verbliebenen Bahnstützpunkte werden im Anwenderprogrammspeicher der Robotersteuerung abgelegt. Das so generierte Bewegungsprogramm kann bei den anschließenden Bearbeitungsläufen beispielsweise als Unterprogramm aufgerufen werden. Daneben steht es wie eine herkömmliche Stützpunktfolge zum Ändern, Ergänzen und für Dokumentationszwecke (z.B. Ausdrucken, Abspeichern auf Datenträgern oder Übertragung zu CAD-Systemen) zur Verfügung.

7   <u>Integration der Algorithmen in eine bestehende Industrierobotersteuerung</u>

Für die Einbindung und Überprüfung der entworfenen Algorithmen zur sensorgeführten Programmierung wurde eine marktgängige Robotersteuerung herangezogen, die den in Kap. 3.3 genannten Anforderungen weitgehend entspricht. Dies gilt vor allem hinsichtlich der implementierten Prozessorleistung und der daraus resultierenden Systemtaktzeit $T \leq 20$ ms.

7.1   <u>Vorgegebene Hard- und Softwarestruktur</u>

Die eingesetzte Roboter-Bahnsteuerung weist eine hardwaremäßige Grobstruktur gemäß <u>Bild 7.1</u> auf. Kernstück der Steuerung sind die beiden Prozessoren P_1 und P_2 (je 1 NS 32016 mit Gleitpunktarithmetikeinheit), die über einen Dual-Port-Speicherbereich miteinander kommunizieren.

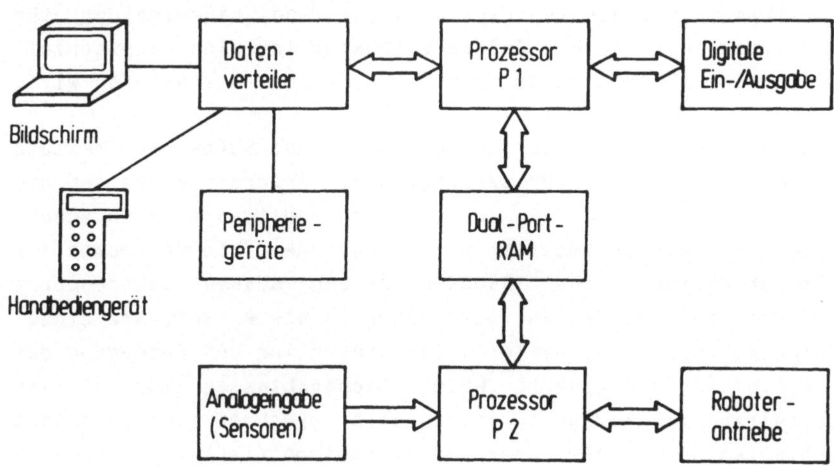

<u>Bild 7.1:</u> Hardwarestruktur der eingesetzten Robotersteuerung

Am Prozessor P_1 sind über einen Datenverteiler Peripherie-geräte wie Bildschirm, Handbediengerät, Diskettenstation usw. angeschlossen. Zusätzlich bedient P_1 die digitalen Ein-/Ausgabekanäle. Der Prozessor P_2 steuert die Roboteran-triebe und liest die Analogeingabekanäle (Sensordaten) ein.

Softwaremäßig ist die Aufteilung so vorgenommen, daß P_1 im wesentlichen die asynchronen Aufgaben erledigt, während P_2 die synchron zu einem festen Zeittakt zu durchlaufenden Programme abarbeitet. Asynchrone Aufgaben sind u.a.: Ver-waltung des Teileprogrammspeichers, Bedienung, Test- und Diagnosefunktionen, Editieren, Übersetzen von Anwenderpro-grammen, Interpretation von Anwenderprogrammen einschließ-lich Interpolationsvorbereitung usw. Die Softwarestruktur auf P_1-Seite ist Task-orientiert, d.h. die den Aufgaben zugeordneten Tasks sind unterbrechbar, konkurrieren mitein-ander und werden entsprechend ihrer Priorität bearbeitet. Die auf P_2 laufenden synchronen Programme dienen im wesent-lichen der direkten Bewegungserzeugung und beinhalten Inter-polation, Koordinatentransformation und Lageregelung für sämtliche Achsen. Die Softwarestruktur ist eine Hauptschlei-fe, die während jedes Systemtakts einmal durchlaufen wird.

In Anlehnung an die vorgegebene Hard- und Softwareaufteilung sind die Module für sensorgeführte Programmierung auf die Prozessoren P_1 und P_2 zu verteilen und in die entsprechen-den Betriebssystemteile zu integrieren. Die Programme für Sensorregelung und Bahnspeicherung müssen taktsynchron durchlaufen werden und sind daher in die P_2-Software einzu-binden. Die Programmteile Datenreduktion und Erzeugung der Leitvorschubstützpunkte beim Flächenabtasten müssen zwar simultan zur Bewegung, jedoch nicht synchron zum Systemtakt ablaufen und werden daher auf P_1 implementiert.

7.2   Erweiterung der Steuerungssoftware

Bild 7.2 erläutert die relevanten Teile der erweiterten Steuerungssoftware. Die Programme zur Sensorführung (Sensordatenvorverarbeitung, Sensorregler, Sensortransformation) und Bahnspeicherung wurden P_2-seitig in die Hauptschleife der Bewegungserzeugung eingefügt. Die hierdurch verursachten Einflüsse auf die Systemtaktzeit werden in Abschnitt 7.3 näher betrachtet.

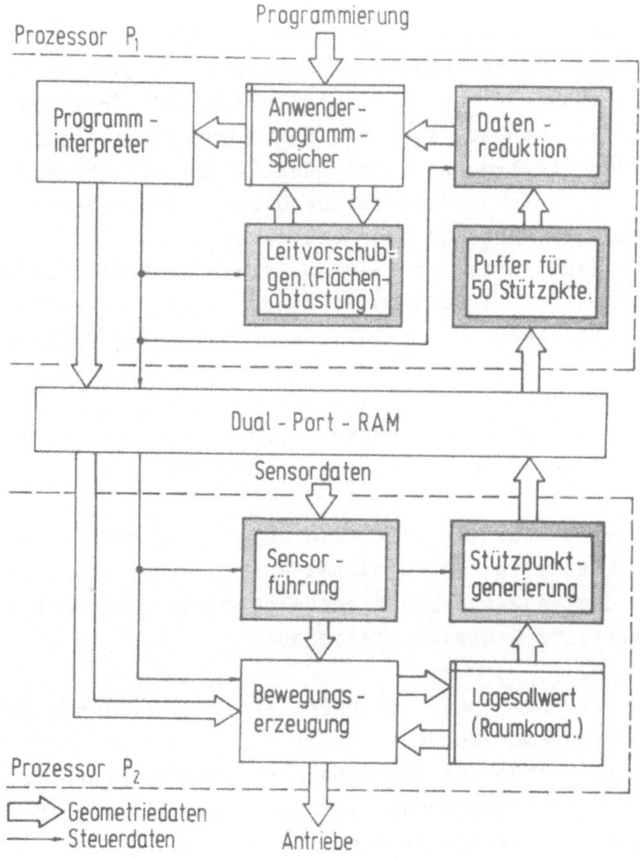

Bild 7.2: Erweiterungen der Steuerungssoftware

Bei Aufruf der Sensorfunktion erfolgt die Aktivierung der Software durch den Anwenderprogramminterpreter. Die während der sensorgeführten Bewegung durch den Prozessor P_2 generierten Bahnstützpunkte werden auf den Dual-Port geschrieben, dort vom Prozessor P_1 abgeholt und in einem Pufferspeicher abgelegt. Dieser dient zum einen als Speicher für die Punkte, die von den Datenreduktionsalgorithmen momentan geprüft werden, und zum anderen der zeitlichen Entkopplung der Datenreduktion von der Punktgenerierung.

Die Reduktionsprogramme laufen als niederpriore Task im P_1-Betriebssystem ab. Bei Vorschubgeschwindigkeiten von v_B = 50 mm/s während des Programmmierens und einem Abstand der generierten Punkte von d_p = 5 mm entsteht alle 100 ms ein neuer Stützpunkt. Dies führt hinsichtlich der Datenreduktion zu keinen Rechenzeitproblemen. Entstehen in wesentlich kürzerer Abfolge neue Stützpunkte, so daß die Datenreduktion nachhinkt, so werden diese im Puffer zwischengespeichert. Der Reduktionsvorgang kommt dann erst nach Abschluß des Programmierlaufs zum Ende. Bei Pufferüberlauf wird die Stützpunkterzeugung automatisch verzögert und eine Warnung abgesetzt. Die von der Datenreduktion ermittelten notwendigen Bahnstützpunkte werden dem Reduktionspuffer entnommen und im Anwenderprogrammspeicher abgelegt.

Der Programmbaustein für die Berechnung der Leitvorschubstützpunkte beim Flächenabtasten entnimmt die Flächeneckpunkte dem Anwenderprogrammspeicher und legt dort wiederum die ermittelte Stützpunktfolge ab.

Zum Aufruf der neu implementierten Funktionen durch das Anwenderprogramm wurden Erweiterungen auf der Programmierebene der Steuerung sowie beim Programminterpreter getroffen. Zur Programmierung ist auf der eingesetzten Steuerung ein Roboterprogrammiersystem implementiert /50,51/. Die editierten und übersetzten Anwenderprogramme einschließlich der Punktdateien werden vom Interpreter abgearbeitet.

```
1  PROGRAMM EXTRU
2

29 BABST = 30.0
30 ECKZAHL = 4
31 LVMAX = 40
32 WELDMAX = 100
33 DS = 20.0
34 DTOL = 1.0
35 WITOL1 = 0.995
36 WITOL2 = 0.80
37 WITOL3 = 0.80
38
39 LV_GEN (ECKPU,ECKZAHL,LV_PU,LV_ZU,LVMAX,LVTATS,BABST)
40
41 V = 150
42 I = 1
43 FAHRE LINEAR NACH PEINS
44
45 SENSOR_EIN
46 AUTOPROG_EIN (WELDPU,WELDZU,WELDMAX,WELDTATS,DS,DTOL,
47                                 WITOL1,WITOL2,WITOL3)
48 V = 30.0
49 M1:
50 FAHRE LINEAR UEBER LV_PU[I]
51 I = I+1
52 WENN I <= LVTATS DANN SPRUNG M1
53
54 SENSOR_AUS
55 AUTOPROG_AUS
56
57 FAHRE LINEAR NACH PEINS
58 I = 1
59 M2:
60 FAHRE LINEAR UEBER WELDPU
61 I = I+1
62 WENN I <= WELDTATS DANN SPRUNG M2
63
64 ENDE
```

Bild 7.3: Programmbeispiel für das Flächenabtasten

Bedeutung der Namen: LV_GEN: Generierung der Leitvorschubstützpunkte, SENSOR_EIN, SENSOR_AUS: Ein-/Ausschalten der
Sensorführung, AUTOPROG_EIN, AUTOPROG_AUS: Ein-/Ausschalten
der Bahngenerierung mit Datenreduktion, ECKPU, LV_PU, LV_ZU,
WELDPU, WELDZU: Punktfelder und Zusatzinformation für Flächeneckpunkte, Leitvorschubstützpunkte und generierte Bahnstützpunkte, ECKZAHL, LVMAX, LVTATS, WELDTATS: Feldgrößen,
BABST: Bearbeitungsabstand, DS: Punktabstand für Bahnspeicherung DTOL, WITOL1,2,3: Bahn- und Orientierungstoleranz

Das Ansprechen der neuen Funktionen Sensorführung, Programmerzeugung und Generierung der Leitvorschubstützpunkte für
das Flächenabtasten erfolgt über den in der Roboterprogram-
miersprache vorgesehenen Aufruf von Spezialfunktionen und
steuert die entsprechenden Softwaremoduln in der Steuerungssoftware.

<u>Bild 7.3</u> beinhaltet das Anwenderprogramm für das automa-
tische Programmieren einer Bearbeitungsfläche an einer
Extruderwelle. Die im Bild nicht enthaltenen Programmzeilen
2...28 dienen der Namensdeklaration der Spezialfunktionen
und Programmvariablen. Die ausführbaren Anweisungen begin-
nen in Zeile 29. Zunächst werden den Parametern für Leit-
vorschubgenerierung, Sensorführung und Bahnerzeugung Werte
zugewiesen. In Zeile 39 wird die Berechnung der Leitvorschubstützpunkte veranlaßt. Nach Anfahren des Startpunktes
wird die Sensorführung und automatische Programmierung
(Bahnerzeugung) eingeschaltet (Zeile 45 u. 46). Die Zeilen
49...52 enthalten die Bewegungsschleife zum Abfahren des
Leitvorschubs während des Abtastens. Am Ende des automatischen Programmiervorgangs wird die Sensorführung und Bahnerzeugung wieder ausgeschaltet (Zeilen 54, 55) und anschlie-
ßend das eben generierte Bearbeitungsprogramm abgefahren
(Schleife in Zeile 57...62).

7.3 <u>Möglichkeiten zur Reduzierung der Abtastzeit im Sensorregelkreis</u>

Die Abtastzeit im Sensorregelkreis wird bestimmt durch die
Summe der Rechenzeiten sämtlicher beteiligter Programme, da
aufgrund der rückgekoppelten Struktur die Abfolge des Si-
gnalflusses von der Erfassung der Sensordaten bis zur Aus-
gabe der Stellgrößen einzuhalten ist.

Untersucht man die Algorithmen für Sensordatenvorverarbeitung, Sensorregler und Sensortransformation hinsichtlich des
Rechenaufwandes, so ist allein hierfür überschlägig die
Berechnung von 18 trigonometrischen und Wurzelfunktionen
sowie das Ausführen von ca. 160 Gleitpunktgrundoperationen
notwendig. Bei dem in der Steuerung eingesetzten Mikropro-
zessor (NS 32016 mit 32081 Hardware-Gleitpunktarithmetik, 8
MHz Taktfrequenz) ergibt sich für Sensordatenvorverarbeitung, Sensorregler und Sensortransformation eine typische
Rechenzeit von insgesamt etwa 6,5 ms. Zusammen mit der für
die herkömmliche Bewegungserzeugung benötigten Rechenzeit
(Interpolation, Transformation, Lageregelung) erhält man
eine Systemtaktzeit von 22 ms (Bild 7.4). Dies ist für
eine brauchbare Regelgüte im Sensorregelkreis noch ausreichend. Eine weitere Verringerung der Systemtaktzeit und
damit der Abtastzeit im Sensorregelkreis läßt sich durch
die im folgenden beschriebenen Maßnahmen erreichen.

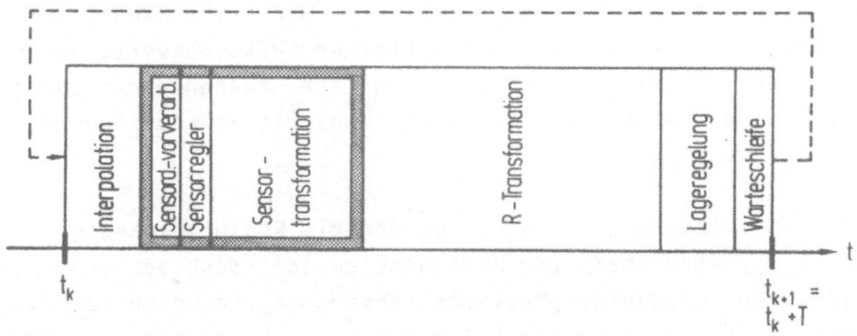

Bild 7.4: Verteilung der Rechenzeit in der Hauptprogramm-
schleife der Bewegungserzeugung

7.3.1 <u>Näherungsberechnung transzendenter Funktionen</u>

Ein wesentlicher Rechenzeitanteil bei der Bewegungserzeugung entfällt auf die Berechnung transzendenter Funktionswerte. Sie erfolgt bei der eingesetzten Robotersteuerung bislang über Potenzreihenentwicklungen mit einem maximalen Fehler von ca. 10^{-6}. Analysiert man die bei Sensorführung zu durchlaufenden Gleichungen, so findet man trigonometrische Funktionen, deren Argumente einen deutlich eingeschränkten Wertebereich aufweisen. Dies ist insbesondere bei der Berechnung und Weiterverwertung der Sensormeßwerte α_s, β_s, γ_s gegeben (Gleichungen 4.7, 4.13, 4.14, 4.17 u. 4.21...4.23). Der Arbeitspunkt der Sensorregelung ist $\alpha_s = \beta_s = \gamma_s = 0$. Um den Arbeitspunkt erhält man die Sensorauslenkungswinkel, die sowohl konstruktiv als auch aus Gründen der Schleppabstandsbegrenzung eingeschränkt sind. Der mit

$$-10^o \leq \alpha_s, \beta_s, \gamma_s \leq +10^o \qquad (7.1)$$

erhaltene Arbeitsbereich legt es nahe, eine Näherungsberechnung einzelner trigonometrischer Funktionswerte durchzuführen, zumal man regelungstechnisch gesehen damit lediglich eine leicht nichtlineare Kennlinie im Arbeitsbereich in Kauf zu nehmen hat.

In den Gleichungen (4.7) werden die Reglerausgangsgrößen $\alpha_r \ldots \gamma_r$ verwendet. Ihr Wertebereich läßt sich aus der realisierten Geschwindigkeitsverstärkung K_ω im Orientierungsregelkreis, der Abtastzeit T sowie α_{smax} bestimmen:

$$\alpha_{rmax} = \alpha_{smax}\, K_\omega\, T$$

Mit $\alpha_{smax} = 10^o$, $K_\omega = 5.1\ s^{-1}$, $T = 20\ ms$

erhält man $\quad \alpha_{rmax} = 1.02^o$

und damit $\quad -1.02^o \leq \alpha_r, \beta_r, \gamma_r \leq +1.02^o. \qquad (7.2)$

Der Wertebereich (7.2) ist extrem eingeschränkt und somit ist auch hier die Näherungsberechnung trigonometrischer Funktionen sinnvoll.

Für die Funktionen

$$f_1 = \sin x, \quad f_2 = \cos x, \quad f_3 = \arctan x$$

definiert man für einen Arbeitsbereich nach (7.1) bzw. (7.2) die Näherungsfunktionen

$$f_{1N} = x, \quad f_{2N} = 1 - x^2/2, \quad f_{3N} = x. \tag{7.3}$$

Zur Abschätzung des damit verursachten Linearisierungsfehlers werden die Ableitungen gebildet

$$f_1' = \cos x, \quad f_2' = -\sin x, \quad f_3' = 1/(1+x^2)$$

$$f_{1N}' = 1, \quad f_{2N}' = -x, \quad f_{3N}' = 1.$$

Die maximalen Absolut- bzw. Steigungsfehler treten bei $x_1 = 1.02^0$ (für f_1 und f_2) und $x_2 = 0.176$ (für f_3) auf:

$$|f_1 - f_{1N}|_{x_1} = 10^{-6}$$

$$|f_2 - f_{2N}|_{x_1} < 10^{-6}$$

$$|f_3 - f_{3N}|_{x_2} = 1.7*10^{-3} \tag{7.4}$$

$$|f_1' - f_{1N}'|_{x_1} = 1.5*10^{-4}$$

$$|f_2' - f_{2N}'|_{x_1} = 10^{-6}$$

$$|f_3' - f_{3N}'|_{x_2} = 2.9*10^{-2} \tag{7.5}$$

Die erhaltenen Fehler sind gering, so daß für die genannten Gleichungen die näherungsweise Funktionswertberechnung nach (7.3) zulässig ist. Die dadurch erreichte Einsparung an Rechenzeit für die Sensordatenverarbeitung beträgt 2,1 ms (32% von 6,5 ms).

7.3.2 Parallelverarbeitung mittels mehrerer Prozessoren

Grundsätzlich ist eine Verkürzung der Rechenzeit durch den Einsatz mehrerer Prozessoren zur Abarbeitung der taktsynchronen Programme möglich. Bisher vorgeschlagene oder realisierte Lösungen /6,52/ gehen von einer geradlinigen (gesteuerten) Struktur der Bewegungserzeugung aus sowie von einer funktionsorientierten Aufteilung der Software auf die Prozessoren. Gängige Lösung ist beispielsweise die Trennung in einen Transformations- und einen Lageregelprozessor, wobei in der Lageregelung jeweils die vom Transformationsprozessor im vorherigen Systemtakt berechneten Lagesollwerte verarbeitet werden. Bei geradlinigem Ablauf der Bewegungserzeugung ist dies zulässig. Liegt jedoch wie bei der hier dargestellten Sensorführung eine rückgekoppelte Struktur vor, bei der sich die Koordinatentransformation im Regelkreis befindet, so würde das genannte Vorgehen eine Verdoppelung der Abtastzeit im Sensorregelkreis bewirken.

Abhilfe schafft in diesem Fall die Verteilung der Rechenaufgaben auf niederer Ebene innerhalb einzelner Funktionsblöcke bzw. Softwaremoduln. <u>Bild 7.5</u> erläutert die Programmaufteilung bei 2 Prozessoren am Beispiel der Drehmatrixberechnung im Verlauf der Sensortransformation. Die Algorithmen sind auf parallel ablauffähige Teile zu untersuchen. Im gewählten Beispiel ist dies die Berechnung einzelner Winkelfunktionswerte sin U ... cos W sowie die Berechnung der Matrixelemente $D_{11}...D_{33}$ aus sin U und cos W.

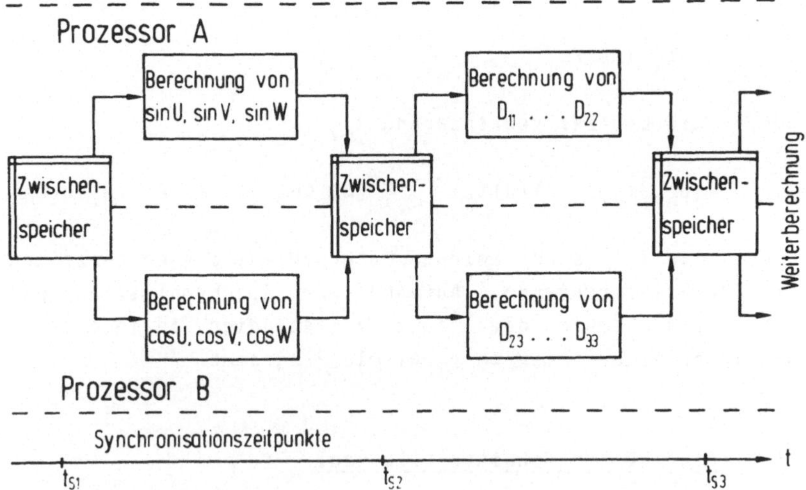

Bild 7.5: Parallelverarbeitung zeitkritischer Programme bei rückgekoppelter Struktur der Bewegungserzeugung

Zu den Synchronisationszeitpunkten t_{Si} (Bild 7.5) haben beide Prozessoren ihre Teilaufgaben abgeschlossen und die berechneten Daten im Zwischenspeicher abgelegt, so daß zur Weiterverarbeitung der Ergebnisse in den sich anschließenden parallelen Programmschritten übergegangen werden kann. Der Zwischenspeicher ist als Dual-Port-RAM auszuführen, bei dem die Speicherzugriffe verschiedener Prozessoren hardwaremäßig synchronisiert werden.

Wie die Drehmatrixberechnung, so sind auch Matrixmultiplikation, Interpolation, Lageregelung usw. größtenteils in parallele Programme zerlegbar. Das Mehrprozessorkonzept ist auf n Prozessoren übertragbar, solange die Algorithmen in n parallel ablauffähige Teilaufgaben aufgespalten werden können. Wird mit t_1 die Laufzeit eines Programms bei einem Einprozessorsystem bezeichnet, so gilt für die Laufzeit t_n

des auf n Parallelprozessoren verteilten Programms stets

$$t_n > t_1/n$$

und für die Laufzeitverringerung t_{nv}

$$t_{nv} < (1 - 1/n)t_1. \qquad \text{(n: Anzahl der Prozessoren)}$$

Gründe hierfür sind leicht unterschiedliche Rechenzeiten für Parallelprogramme, Aufwand zur Synchronisation der Prozessoren sowie die nicht vollständige Zerlegbarkeit sämtlicher Algorithmen in parallele Programme.

7.3.3 Einfluß der Schnittstellenwahl

Aufgrund der in Kap. 3 u. 4 definierten Schnittstelle Sensorführung / Bewegungserzeugung werden die verarbeiteten Sensordaten mit den von der Interpolation gelieferten Werten verknüpft (s. Bild 4.1) und gemeinsam rücktransformiert.

Eine Analyse der Gleichungen für Sensortransformation und Rücktransformation ergibt, daß ein Teil der Algorithmen gleich ist und somit eine Doppelberechnung derselben Daten auftritt. Über Gleichung (4.8) wird die aufgrund der Sensordaten korrigierte, neue Drehmatrix $\underline{D}_n$ gebildet. Aus $\underline{D}_n$ erhält man mit Gln. (4.9) u. (4.10) die auf das kartesische Raumkoordinatensystem bezogenen Orientierungswinkel $U_{r,k}...W_{r,k}$. Aus diesen wird während der Rücktransformation wiederum $\underline{D}_n$ gebildet. Hier liegt der Gedanke nahe, durch Vermeidung von Mehrfachberechnungen Rechenzeit im Sensorregelkreis einzusparen.

Die Bewegungserzeugung ist entsprechend Bild 7.6 umzustrukturieren. In der Rücktransformation wird auf die Berechnung der Drehmatrix $\underline{D}_n$ verzichtet und diese aus der Sensortransformation übernommen.

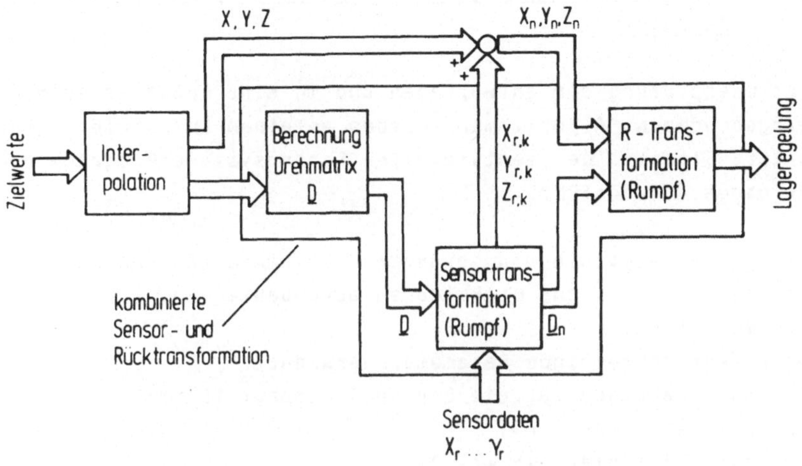

Bild 7.6: Modifizierte Sensordateneingriffstelle

Formal wird die Berechnung der unkorrigierten Matrix $\underline{D}$ aus U,V,W vorgelagert, wobei offen bleiben kann, ob die hierfür notwendige Rechenzeit der Sensor- oder der Rücktransformation zuzurechnen ist. Bei der Sensortransformation ergeben sich hinsichtlich der translatorischen Korrekturdaten keine Änderungen, die Orientierungskorrektur erfolgt jedoch nunmehr auf der Ebene der Drehmatrix anstelle einer Korrektur der Raumwinkel U,V,W. Insgesamt verringert sich allein die Anzahl zu berechnender transzendenter Funktionswerte um 9. Durch Implementierung der umstrukturierten Bewegungserzeugung auf der eingesetzten Robotersteuerung wurde eine Rechenzeiteinsparung im Sensorregelkreis von ca. 35% erreicht.

Die verbleibende Rechenzeit (Erhöhung der Durchlaufzeit in der Hauptschleife der Bewegungserzeugung) zum Nachführen von 6 Sensorkoordinaten betrug insgesamt lediglich noch 2,1 ms (einschließlich Sensordatenvorverarbeitung, Sensorregler und Sensortransformation).

7.4 Darstellung der Ergebnisse anhand ausgewählter Beispiele

Zur Überprüfung der entworfenen und in eine Robotersteuerung eingebundenen Algorithmen wurden an einem Industrieroboter unter Einsatz der entwickelten Sensorsysteme Programmiervorgänge durchgeführt.

Bild 7.7 zeigt die handgeführte Programmierung von Schweißnähten an einem aus Dickblechen aufgebauten und vorgehefteten Werkstück.
Dabei wurden folgende Parameter verwendet:
Stützpunktabstand für die Bahnspeicherung: 10 mm,
Bahntoleranz: +/- 1 mm,
Orientierungstoleranz: +/- 2.5°.

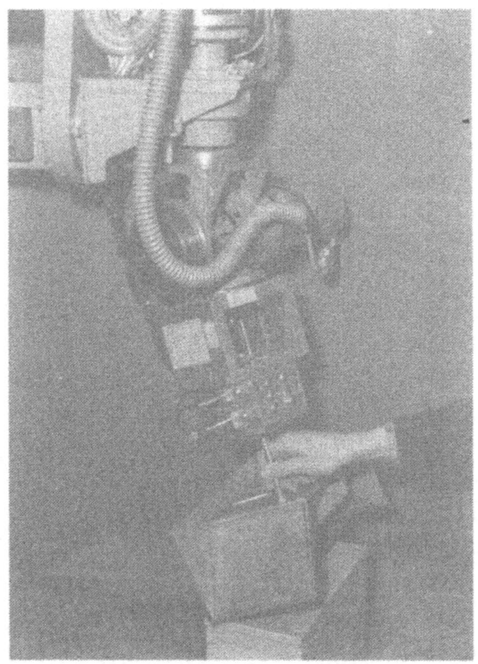

Bild 7.7: Handgeführte Programmierung von Schweißnähten

Als Ergebnis des Programmiervorgangs wurden folgende Daten
ermittelt:
Gesamtlänge der programmierten Bahn: 1.78 m,
Anzahl der während der Bahnspeicherung
temporär erzeugten Stützpunkte: 179,
Anzahl der nach der Datenreduktion
verbliebenen Stützpunkte: 34,
Reduktionsfaktor: 81 %,
benötigte Programmierzeit: 42 s,
mittlere Programmiergeschwindigkeit: 42.4 mm/s.

Zur Abschätzung der Effektivität wurde der Programmiervorgang im konventionellen Einrichtbetrieb wiederholt. Der
hierfür notwendige Zeitaufwand betrug ca. 6 min, die Zeit-
einsparung bei handgeführter Programmierung somit 88 %.

Bild 7.8: Sensorgeführt programmierte Bearbeitungsfläche an
einer Extruderwelle

<u>Bild 7.8</u> zeigt als Beispiel aus der Oberflächenbearbeitung eine sensorgeführt programmierte Bearbeitungsfläche an einem Werkstück zum Auftragschweißen. Die zugrunde liegende Fertigungsaufgabe ist das Panzern des Gußrohlings mit hochwertigem Werkstoff zur Verschleißminderung. Dies wird durch eine Vielzahl sich leicht überdeckender Schweißraupen erreicht.

Die Toleranzen von Werkstücken einer Serie sind erheblich (bis 10 mm), so daß jedes Einzelstück sensorgeführt programmiert werden muß, um ein individuelles Schweißprogramm zu erhalten. Aus technologischen Gründen (Materialspannungen) ist für den Schweißvorgang eine Werkstücktemperatur von ca. 400 $^{\circ}$C erforderlich. Daher wird das Werkstück im kalten Zustand abgetastet und die erzeugten Schweißprogramme nach dem Erhitzen abgefahren.

Die Testfläche nach Bild 7.8 wurde unter Verwendung des berührungslosen Geometriesensors und folgenden Parametern programmiert:
Abstand der Bearbeitungslinien für die automatische
Leitvorschuberzeugung: 30 mm,
Stützpunktabstand für Bahnspeicherung: 20 mm,
Bahntoleranz: +/- 0.5 mm,
Orientierungstoleranz: +/- 2.5°,
Abtastgeschwindigkeit: 30 mm/s.

Das generierte Bewegungsprogramm wies folgende Kenngrößen auf:
Gesamtlänge der programmierten Bahn: 2.05 m,
Anzahl der temporär erzeugten Stützpunkte: 108,
Anzahl der nach der Datenreduktion
verbliebenen Stützpunkte: 32,
Reduktionsfaktor: 70.3 %.

An der in Bild 7.8 enthaltenen optischen Anzeigezeile kann die automatische Programmerzeugung verfolgt werden. Leuchtende Anzeigeelemente signalisieren Bahnstützpunkte, die in das Bewegungsprogramm übernommen wurden, erloschene Elemente repräsentieren Punkte, die aufgrund der Datenreduktion ausgesiebt wurden.

Die dargestellten Beispiele zeigen, daß durch den Einsatz von Sensoren Bearbeitungsroboter weitgehend automatisch und somit in wesentlich kürzerer Zeit programmiert werden können.

8   <u>Zusammenfassung, Ausblick</u>

Ausgangspunkt war die Forderung nach einer Reduzierung des Bedienaufwandes durch sensorgeführte Roboterprogrammierung bei gleichzeitiger Anpassung der erzeugten Programme an variable Werkstücktoleranzen.

Im Gegensatz zu anderen Entwicklungen war nicht eine spezielle Lösung für einen bestimmten Anwendungsfall mit stark reduzierten Anforderungen zu schaffen, sondern es wurde auf eine möglichst breite Anwendbarkeit der Verfahren bei der Programmierung bahngesteuerter Industrieroboter für unterschiedliche Bearbeitungsaufgaben wertgelegt. Dies führte insbesondere zu der Forderung, eine Methode zum nachführenden Abtasten von Werkstücken mit Bahnspeicherung und Datenreduktion in 6 Koordinaten zu entwickeln und für Bahnsteuerungen auszulegen.

Zunächst wurden Algorithmen konzipiert, mit denen die Führung des bahngesteuerten Industrieroboters in Position und Orientierung durch einen geschlossenen Sensorregelkreis erreicht werden konnte. Schwerpunkt war dabei der Entwurf von Bausteinen zur Datenvorverarbeitung, Sensorregelung und Transformation der Sensordaten in das Raumkoordinatensystem.

Für die Werkstückabtastung wurde aus Wirbelstromwegaufnehmern ein berührungsloser Geometriesensor zur Erfassung von 6 Koordinaten aufgebaut. Die Anpassung an unterschiedliche Abtastaufgaben (Flächen, Kanten usw.) erfolgt mit minimalem Aufwand. Das darüber hinaus entwickelte Handführgerät zur Realisierung servogesteuerter, manuell geführter Programmiervorgänge setzt die Verschiebungen und Verdrehungen eines Programmierstiftes in Sensorsignale um. Zum selbsttätigen Abtasten von Werkstücken wird unter Zuhilfenahme der herkömmlichen Bewegungserzeugung ein Leitvorschub generiert. Für die Programmierung flächendeckender Bearbeitungsvorgänge wurden Algorithmen geschaffen, die ausgehend von bis

zu 10 vorgegebenen Flächeneckpunkten automatisch die Leitbewegung für den mäanderförmigen Sensorlauf erzeugen (Scan-
nen der Fläche).

Während der sensor- oder handgeführten Bewegung muß die gefahrene Bahn gespeichert und zu einem Bearbeitungsprogramm
aufbereitet werden. Dies wurde durch Erzeugen einer dichten
Stützpunktfolge und On-line-Datenreduktion erreicht. Die
Untersuchungen zur Reduktion der Bahndaten ergaben eine
wesentliche Verringerung der Stützpunktzahl, wenn Bahnabschnitte linearisiert, d.h. durch Anfangs- und Endpunkt
ersetzt werden, solange dies im Einklang mit einer geforderten Programmiergenauigkeit steht. Für die Übernahme
eines Stützpunktes in das Bearbeitungsprogramm wurden die
Kriterien Bahntoleranz, Orientierungstoleranz, Technologiedatenänderung und Bahngeschwindigkeitsänderung gefunden und
Methoden zu deren Überprüfung geschaffen.

Die Algorithmen wurden in Programme umgesetzt und in die
Software einer marktgängigen Industrierobotersteuerung
integriert, ohne zusätzliche Prozessorleistung zu implemen-
tieren. Durch gezielte Maßnahmen zur Rechenzeitverkürzung
wurde die Rechnerbelastung gering gehalten.

Mit Hilfe der entwickelten Verfahren konnten weitgehend
automatisch ablaufende Programmiervorgänge an unterschiedlichen Werkstücken realisiert werden.

Ein Ansatzpunkt für weitere Arbeiten ist zum einen in der
Entwicklung kostengünstiger, mehrdimensional messender op-
tischer Sensoren zu sehen, die für den Einsatz in schnellen Sensorregelkreisen geeignet sind. Andererseits ist zu
erwarten, daß die dargestellten Algorithmen zur Sensorregelung zusammen mit anderen Sensorsystemen neue Applikations-
möglichkeiten zur Sensorführung während des Bearbeitungs-
vorganges selbst erschließen.

<u>Schrifttum</u>

/1/ Jacobi, W.   Industrieroboter - schon ausreichend
flexibel für den Anwender?
wt - Z. ind. Fertig. 76 (1986) Nr. 5,
S. 273 - 277.

/2/ Warnecke, H.-J. Handbuch Handhabungs-, Montage- und
  Schraft, R.D.   Industrierobotertechnik.
Landsberg: moderne industrie 1984.

/3/   VDI 2860 Bl.1 (Entwurf):
Handhabungsfunktionen, Handhabungs-
einrichtungen, Begriffe, Definitionen,
Symbole.
Berlin, Köln: Beuth 1982.

/4/ Zühlke, D.   Offline-Programmierung numerisch gesteuerter Industrieroboter. Ein Bei-
trag zur Steigerung der Flexibilität
von Handhabungssystemen.
Düsseldorf: VDI 1983.

/5/ Weck, M.   An interactive model based robot pro-
  Niehaus, Th.   gramming and simulation workstation.
  Osterwinter, M. In: Off-line Programming of Industrial
Robots. Amsterdam: North Holland 1986.

/6/ Keppeler, M.   Führungsgrößenerzeugung für numerisch
bahngesteuerte Industrieroboter.
Berlin, Heidelberg, New York, Tokyo:
Springer 1984.

/7/ Gruhler, G. Arten und Leistungsmerkmale bei
Industrierobotersteuerungen.
und-oder-nor + steuerungstechnik 14
(1984) Nr. 5, S. 66 - 67.

/8/ Industrieroboter in der Praxis.
Firmenschrift der Fa. Reis GmbH & Co.
Maschinenfabrik, Obernburg.

/9/ Prager, K.-P. Kopplung externer und interner Programmiersysteme für Industrieroboter.
München, Wien: Hanser 1983.

/10/ Pritschow, G. Off-line programming system with
Storr, A. geometrical data recording by
Gruhler, G. manually guided industrial robots.
Schumacher, H. In: Off-line programming of Industrial
Robots. Amsterdam: North Holland 1986.

/11/ Nollek, H. Begriffe der Industrierobotertechnik
Schiele, G. wt - Z. ind. Fertig. 75 (1985) Nr. 12,
S. 710 - 716.

/12/ Warnecke, H.-J. Industrieroboterkatalog 1984.
Schraft, R.D. Mainz: Krausskopf 1984.

/13/ Duelen, G. Methoden für die Parameteridenti-
Held, J. fikation kinematischer Ketten.
Kirchhoff, U. Robotersysteme 1 (1985) Nr. 4,
S. 217 - 223.

/14/ Swaczina, K. Sensordatenverarbeitung für bahngesteuerte Handhabungsautomaten.
München, Wien: Hanser 1983.

/15/ Ishii, M.   A new 3D sensor for teaching robot
     Sakane, S.   paths and environments.
     Kakikura, M.   Proceedings of the 4th International
     Mikami, Y.   Conference on Robot Vision and
                      Sensory Controls.
                      Kempston: IFS (Publications) 1984.

/16/ El-Zorkany, H. I. Automatic sensor based programming
     Tondu, B.   of robot trajectories.
     Liscano, R.   Proceedings of the 5th International
                        Conference on Robot Vision and
                        Sensory Controls.
                        Kempston: IFS (Publications) 1985.

/17/ Bollinger, J. G. Automatisches Programmieren von
                       Schweißrobotern.
                       wt - Z. ind. Fertig. 71 (1981) Nr. 8,
                       S. 481 - 484.

/18/ Abele, E.   Interactive programming of industrial
     Boley, D.   robots for deburring.
     Sturz, W.   Proceedings of the 14th International
                      Symposium on Industrial Robots.
                      Kempston: IFS (Publications) 1984.

/19/ Cai, H. G.   A self-teaching technique of an arc
     Wang, Z. X.   welding robot with three degrees of
                      freedom.
                      Proceedings of the 15th International
                      Symposium on Industrial Robots.
                      Kempston: IFS (Publications) 1985.

/20/ Erne, H.   Taktile Sensorführung für Handhabungs-
                      einrichtungen - Systematik und Aus-
                      legung der Steuerungen.
                      Berlin, Heidelberg, New York, Tokyo:
                      Springer 1982.

/21/ Hirzinger, G.   Adaptiv sensorgeführte Roboter mit
                          besonderer Berücksichtigung der
                          Kraft-Momenten-Rückkopplung.
                          Robotersysteme 1 (1985) Nr. 3,
                          S. 161 - 171.

/22/ Feldmann, K.   Sensor aided robot-programming.
     Classe, D.   Proceedings of the 5th International
                          Conference on Robot Vision and
                          Sensory Controls.
                          Kempston: IFS (Publications) 1985.

/23/ Kuntze, H.-B.   Algorithmen zur versteifenden
     Jacubasch, A.   Regelung von elastischen Industrie-
                          robotern.
                          Robotersysteme 1 (1985) Nr.2,
                          S.99 - 109.

/24/   Spacestick - Technische Beschreibung.
                          Firmenschrift der Fa. basys - Gesell-
                          schaft für Anwender- und Systemsoft-
                          ware mbH, Nürnberg.

/25/ Brandmark, H.   Communication between man and machine
     Lindquist, A.   in a robot controler.
     Norefors, U.-G.   Automation 9 (1984) Nr. 3, S. 17 - 21.

/26/ Pritschow, G.   Geometriesensoren und Sensordaten-
     Gruhler, G.   verarbeitung für die automatisierte
                          Roboterprogrammierung.
                          Robotersysteme 2 (1986) Nr. 1
                          S. 47 - 53.

/27/ Erne, H.   Geometrisch-taktile Sensorführung von
     Gruhler, G.   Industrierobotern. HGF-Kurzbericht
                          82/52 (Loseblattsammlung).
                          Essen: Girardet 1982.

- 116 -

/28/ Stute, G.
     Gruhler, G.

Führung von Handhabungssystemen
mittels taktiler Sensoren.
In: Beiträge zur Weiterentwicklung
der Automatisierungstechnik.
München, Wien: Hanser 1983

/29/ Langmoen, R.
     Lien, T. K.
     Ramsli, E.

Testing of industrial robots.
Proceedings of the 14th International
Symposium on Industrial Robots.
Kempston: IFS (Publications) 1984.

/30/

VDI 2853 (Entwurf): Sicherheitstech-
nische Anforderungen an Bau, Aus-
rüstung und Betrieb von Industrierobotern. Berlin, Köln: Beuth 1986.

/31/

Sicherer Betrieb von Industrierobotern. Wesentliche sicherheitstech-
nische Anforderungen. Hrsg. Arbeits-
gemeinschaft der Eisen- und Metall-
Berufsgenossenschaften, Mainz.

/32/ Meier, C.

Transformation of sensory signals in
robot control systems. Proceedings
of the 5th International Conference
on Robot Vision and Sensory Controls.
Kempston: IFS (Publications) 1985.

/33/ Hesselbach, J.

Digitale Lageregelung an numerisch
gesteuerten Fertigungseinrichtungen.
Berlin, Heidelberg, New York, Tokyo:
Springer 1981.

/34/ Heinrichfreise, H.
     Moritz, W.

Regelung eines elastischen Knickarm-
roboters. In: Steuerung und Regelung
von Robotern. VDI-Berichte 598.
Düsseldorf: VDI 1986.

/35/ Stute, G. (Hrsg.)   Regelung an Werkzeugmaschinen.
                        München, Wien: Hanser 1981.

/36/ Bronstein, I.   Taschenbuch der Mathematik.
     Semendjajew, K.   Frankfurt, Zürich: Harri Deutsch 1972.

/37/ Meier, C.   Koordinatentransformationen für
     Stelzer, J.   Bahnsteuerung und schnelle Sensor-
                        signalverarbeitung bei Industrie-
                        robotersteuerungen.
                        Siemens Forsch.- u. Entw.- Ber. 14
                        (1985) Nr. 5, S. 224 - 229.

/38/ Wurst, K.-H.   The grinding of surfaces with indu-
                        strial robots. Proceedings of the
                        9th British Robot Association Con-
                        ference. Berlin, Heidelberg, New
                        York, Tokyo: Springer 1986.

/39/ Gruhler, G.   Programmierung von Bearbeitungs-
                        robotern durch sensorgesteuertes
                        Nachführen. wt - Z. ind. Fertig. 73
                        (1983) Nr. 3, S. 165 - 168.

/40/ Andre, G.   A multiproximity sensor system for
                        the guidance of robot and effectors.
                        Proceedings of the 5th International
                        Conference on Robot Vision and
                        Sensory Controls.
                        Kempston: IFS (Publications) 1985.

/41/ Doll, T. J.   Nichttaktile Sensoren für Roboter und
                        Sensoreinsatzplanung.
                        Robotersysteme 2 (1986) Nr. 1,
                        S. 55 - 62.

/42/ Loos, H.R.   Wirkungsweise und Berechnung von Meß-
                       wertaufnehmern auf Wirbelstrombasis
                       zur berührungsfreien Wegmessung.
                       Technisches Messen 43 (1976) Nr. 7/8,
                       S. 229 - 235, Nr. 10, S. 309 - 315.

/43/   CNC11 COPYMILL
                       Firmenschrift Fa. Fidia S.p.A., Turin.

/44/ Gruhler, G.   Vorrichtung zur Handführung eines
                       Industrieroboters.
                       Patentanmeldung P 36 06 685.0-15
                       v. 28. 2. 1986.

/45/ Gruhler, G.   Geometriedatenverarbeitung für
                       selbsttätig programmierte
                       Bearbeitungsroboter. wt - Z. ind.
                       Fertig. 74 (1984) Nr.6, S. 325 - 328.

/46/   CEJvision.
                       Firmenschrift der Fa. C. E. Johans-
                       son GmbH, Weiterstadt.

/47/ Llibre, M. u. a. Data compression methods for the
                       recording of industrial robots
                       trajectories.
                       Proceedings of the 12th International
                       Symposium on Industrial Robots.
                       Kempston: IFS (Publications) 1982.

/48/ Walter, W.   Fräserwegberechnung für fünfachsiges
                       Stirnfräsen gekrümmter Flächen.
                       HGF-Kurzbericht 79/40 (Loseblattsamm-
                       lung). Essen: Girardet 1979.

/49/ Gruhler, G.   Automatische Datenreduktion und Aus-
     Keppeler, M.   wahl der Interpolationsart bei
                     Roboter-Bewegungsprogrammen.
                     HGF-Kurzbericht 84/1. Essen: Girardet
                     1984.

/50/   Robotersteuerung Bosch rho 2, Hand-
                     buch. Firmenschrift der Fa. Robert
                     Bosch GmbH, Industrieausrüstung,
                     Erbach 1984.

/51/ Hesselbach, J. Programmiersysteme für Industrie-
     Storr, A.   roboter.
     Kißling, M.   wt - Z. ind. Fertig. 74 (1984) Nr. 9,
     Schumacher, H. S. 524 - 528.

/52/   Gerätebeschreibung robotronic 500.
                     Mehrprozessor-CNC-System für die
                     Handhabungstechnik.
                     Firmenschrift der Fa. AEG Anlagen-
                     technik, Frankfurt/M.

ISW Forschung und Praxis

Berichte aus dem Institut für Steuerungstechnik der Werkzeugmaschinen und Fertigungseinrichtungen der Universität Stuttgart

Herausgegeben bis Band 57 von Prof. Dr.-Ing. G. Stute †
ab Band 58 Prof. Dr.-Ing. G. Pritschow

ISW 1:   D. Schmid, Numerische Bahnsteuerung, 89 S., 1972

ISW 2:   H. Schwegler, Fräsbearbeitung gekrümmter Flächen, 111 S., 1972

ISW 3:   J. Eisinger, Numerisch gesteuerte Mehrachsenfräsmaschinen, 90 S., 1972

ISW 4:   R. Nann, Rechnersteuerung von Fertigungseinrichtungen, 125 S., 1972

ISW 5:   G. Augsten, Zweiachsige Nachformeinrichtungen, 140 S., 1972

ISW 6:   B. Karl, Die Automatisierung der Fertigungsvorbereitung durch NC-Programmierung, 121 S., 1972

ISW 7:   H. Eitel, NC-Programmiersystem, 117 S., 1973

ISW 8:   E. Knorr, Numerische Bahnsteuerung zur Erzeugung von Raumkurven auf rotationssymmetrischen Körpern, 131 S., 1973

ISW 9:   S. Bumiller, Viskohydraulischer Vorschubantrieb, 123 S., 1974

ISW 10:   K. Maier, Grenzregelung an Werkzeugmaschinen, 139 S., 1974

ISW 11:   J. Waelkens, NC-Programmierung, 159 S., 1974

ISW 12:   E. Bauer, Rechnerdirektsteuerung von Fertigungseinrichtungen, 138 S., 1975

IWS 13:   H. König, Entwurf und Strukturtheorie von Steuerungen für Fertigungseinrichtungen, 206 S., 1976

ISW 14:   H. Damsohn, Fünfachsiges NC-Fräsen, 143 S., 1976

ISW 15:   H. Jetter, Programmierbare Steuerungen, 141 S., 1976

ISW 16:   H. Henning, Fünfachsiges NC-Fräsen gekrümmter Flächen, 179 S., 1976

ISW 17:   K. Boelke, Analyse und Beurteilung von Lagesteuerungen für numerisch gesteuerte Werkzeugmaschinen, 106 S., 1977

ISW 18:   F.-R. Götz, Regelsystem mit Modellrückkopplung für variable Streckenverstärkung, 116 S., 1977

ISW 19:   H. Tränkle, Auswirkungen der Fehler in den Positionen der Maschinenachsen beim fünfachsigen Fräsen, 103 S., 1977

ISW 20:   P. Stof, Untersuchungen über die Reduzierung dynamischer Bahnabweichungen bei numerisch gesteuerten Werkzeugmaschinen, 118 S., 1978

ISW 21:   R. Wilhelm, Planung und Auslegung des Materialflusses flexibler Fertigungssysteme, 158 S., 1978

ISW 22:   N. Kappen, Entwicklung und Einsatz einer direkten digitalen Grenzregelung für eine Fräsmaschine mit CNC, 123 S., 1979

ISW 23:   H. G. Klug, Integration automatisierter technischer Betriebsbereiche, 124 S., 1978

ISW 24:   D. Binder, Interpolation in numerischen Bahnsteuerungen, 132 S., 1979

ISW 25:   O. Klingler, Steuerung spanender Werkzeugmaschinen mit Hilfe von Grenzregeleinrichtungen (ACC), 124 S., 1979

ISW 26:   L. Schenke, Auslegung einer technologisch-geometrischen Grenzregelung für die Fräsbearbeitung, 113 S., 1979

ISW 27:   H. Wörn, Numerische Steuersysteme - Aufbau und Schnittstellen eines Mehrprozessorsteuersystems, 141 S., 1979

ISW 28:   P. B. Osofisan, Verbesserung des Datenflusses beim fünfachsigen NC-Fräsen, 104 S., 1979

ISW 29:   J. Berner, Verknüpfung fertigungstechnischer NC-Programmiersysteme, 101 S., 1979

ISW 30:   K.-H. Böbel, Rechnerunterstütze Auslegung von Vorschubantrieben, 113 S., 1979

ISW 31:   W. Dreher, NC-gerechte Beschreibung von Werkstücken in fertigungstechnisch orientierten Programmiersystemen, 105 S., 1980

ISW 32:   R. Schurr, Rechnerunterstützte Projektierung hydrostatischer Anlagen, 115 S., 198

ISW 33:   W. Sielaff, Fünfachsiges NC-Umfangsfräsen verwundener Regelflächen. Beitrag zur Technologie und Teileprogrammierung, 97 S., 1981

ISW 34:   J. Hesselbach, Digitale Lageregelung an numerisch gesteuerten Fertigungseinrichtungen, 111 S., 1981

ISW 35:   P. Fischer, Rechnerunterstützte Erstellung von Schaltplänen am Beispiel der automatischen Hydraulikplanzeichnung, 111 S., 1981

ISW 36:   U. Ackermann, Rechnerunterstützte Auswahl elektrischer Antriebe für spanende Werkzeugmaschinen, 118 S., 1981

ISW 37:   W. Döttling, Flexible Fertigungssysteme – Steuerung und Überwachung des Fertigungsablaufs, 105 S., 1981

ISW 38:   J. Firnau, Flexible Fertigungssysteme – Entwicklung und Erprobung eines zentralen Steuersystems, 112 S., 1982

ISW 39:   A. Herrscher, Flexible Fertigungssysteme – Entwurf und Realisierung prozeßnaher Steuerungsfunktionen, 103 S., 1982

ISW 40:   U. Spieth, Numerische Steuersysteme – Hardwareaufbau und Ablaufsteuerung eines Mehrprozessorsteuersystems, 115 S., 1982.

ISW 41:   A. Schimmele, Rechnerunterstützter Entwurf von Funktionssteuerungen für Fertigungseinrichtungen, 106 S., 1982

ISW 42:   M. Sanzenbacher, NC-gerechte Beschreibung von Werkstücken mit gekrümmten Flächen, 105 S., 1982.

ISW 43:   W. Walter, Interaktive NC-Programmierung von Werkstücken mit gekrümmten Flächen, 112 S., 1982.

ISW 44:   J. Huan, Bahnregelung zur Bahnerzeugung an numerisch gesteuerten Werkzeugmaschinen, 95 S., 1982.

ISW 45:   H. Erne, Taktile Sensorführung für Handhabungseinrichtungen – Systematik und Auslegung der Steuerungen, 111 S., 1982.

ISW 46:   D. Plasch, Numerische Steuersysteme – Standardisierte Softwareschnittstellen in Mehrprozessor-Steuersystemen, 112 S., 1983

ISW 47:   Z. L. Wang, NC-Programmierung – Maschinennaher Einsatz von fertigungstechnisch orientierten Programmiersystemen, 103 S., 1983

ISW 48:   J. Schwager, Diagnose steuerungsexterner Fehler an Fertigungseinrichtungen, 121 S., 1983

ISW 49:   P. Klemm, Strukturierung von flexiblen Bediensystemen für numerische Steuerungen, 113 S., 1984

ISW 50: W. Runge, Simulation des dynamischen Verhaltens elektrohydraulischer Schaltungen – Einsatz von geräteorientierten, universellen Simulationsbausteinen, 132 S., 1984

ISW 51: H. Steinhilber, Planung und Realisierung von Werkzeugversorgungssystemen für die NC-Bearbeitung, 126 S., 1984

ISW 52: R. Ohnheiser, Integrierte Erstellung numerischer Steuerdaten für flexible Fertigungssysteme, 115 S., 1984

ISW 53: M. Keppeler, Führungsgrößenerzeugung für numerisch bahngesteuerte Industrieroboter, 125 S., 1984

ISW 54: P. Kohler, Automatisiertes Messen mit NC-Werkzeugmaschinen, 129 S., 1985

ISW 55: K.-H. Rieger, Rechnerunterstützte Projektierung der Hardware und Software von speicherprogrammierten Steuerungen, 123 S., 1985

ISW 56: G. Vogt, Digitale Regelung von Asynchronmotoren für numerisch gesteuerte Fertigungseinrichtungen, 126 S., 1985

ISW 57: S. Chmielnicki, Flexible Fertigungssysteme – Simulation der Prozesse als Hilfsmittel zur Planung und zum Test von Steuerprogrammen, 120 S., 1985

ISW 58: W. Renn, Struktur und Aufbau prozeßnaher Steuergeräte zur Verkettung in flexiblen Fertigungssystemen, 137 S., 1986

ISW 59: K. Harig, Quantisierung im Lageregelkreis numerisch gesteuerter Fertigungseinrichtungen, 113 S., 1986

ISW 60: H. Frank, Programmier- und Überwachungsfunktionen für teileartbezogene NC-Werkzeugmaschinen, 115 S., 1986

ISW 61: H. Möller, Integrierte Überwachungs- und Diagnose-Systeme für numerische Steuerungen, 131 S., 1986

ISW 62: H. Fink, Einsatz speicherprogrammierbarer Steuerungen in der Fertigungstechnik, 126 S., 1986

ISW 63: J. Fleckenstein, Zustandsgraphen für SPS – Grafikunterstützte Programmierung und steuerungsunabhängige Darstellung, 139 S., 1987

ISW 64: E. Wagner, Steuerung von Koordinatenmeßgeräten mit schaltenden und messenden Tastsystemen, 133 S., 1987

ISW 65: W. Grimm, Diagnosesystem für steuerungsperiphere Fehler an Fertigungseinrichtungen, 143 S., 1987

ISW 66: W. Swoboda, Digitale Lageregelung für Maschinen mit schwach gedämpften schwingungsfähigen Bewegungsachsen, 141 S., 1987

ISW 67: G. Gruhler, Sensorgeführte Programmierung bahngesteuerter Industrieroboter, 119 S., 1987

Die Bände ISW 1 bis ISW 48 sind vergriffen.

Springer-Verlag
Berlin Heidelberg New York Tokyo